Technisches Freihandzeich

T0254391

Ulrich Viebahn

Technisches Freihandzeichnen

Lehr- und Übungsbuch

9., überarbeitete Auflage

Ulrich Viebahn
Darmstadt, Deutschland

ISBN 978-3-662-54653-6   ISBN 978-3-662-54654-3   (eBook)
DOI 10.1007/978-3-662-54654-3

Die Deutsche Nationalbibliothek verzeichnet diese Publikation in der Deutschen Nationalbibliografie; detaillierte bibliografische Daten sind im Internet über http://dnb.d-nb.de abrufbar.

Springer Vieweg

© Springer-Verlag GmbH Germany 1993,1996, 1999, 2002, 2004, 2007, 2009, 2013, 2017
Das Werk einschließlich aller seiner Teile ist urheberrechtlich geschützt. Jede Verwertung, die nicht ausdrücklich vom Urheberrechtsgesetz zugelassen ist, bedarf der vorherigen Zustimmung des Verlags. Das gilt insbesondere für Vervielfältigungen, Bearbeitungen, Übersetzungen, Mikroverfilmungen und die Einspeicherung und Verarbeitung in elektronischen Systemen.
Die Wiedergabe von Gebrauchsnamen, Handelsnamen, Warenbezeichnungen usw. in diesem Werk berechtigt auch ohne besondere Kennzeichnung nicht zu der Annahme, dass solche Namen im Sinne der Warenzeichen- und Markenschutz-Gesetzgebung als frei zu betrachten wären und daher von jedermann benutzt werden dürften.
Der Verlag, die Autoren und die Herausgeber gehen davon aus, dass die Angaben und Informationen in diesem Werk zum Zeitpunkt der Veröffentlichung vollständig und korrekt sind. Weder der Verlag noch die Autoren oder die Herausgeber übernehmen, ausdrücklich oder implizit, Gewähr für den Inhalt des Werkes, etwaige Fehler oder Äußerungen. Der Verlag bleibt im Hinblick auf geografische Zuordnungen und Gebietsbezeichnungen in veröffentlichten Karten und Institutionsadressen neutral.

Gedruckt auf säurefreiem und chlorfrei gebleichtem Papier

Springer Vieweg ist Teil von Springer Nature
Die eingetragene Gesellschaft ist Springer-Verlag GmbH Deutschland
Die Anschrift der Gesellschaft ist: Heidelberger Platz 3, 14197 Berlin, Germany

Geleitwort

Das technische Freihandzeichnen ist für den Ingenieur und Konstrukteur ein wichtiges Informationswerkzeug und Ausdrucksmittel, das mit dem zunehmenden Einsatz von CAD–Systemen eine neue Bedeutung erlangt. Wenn auch in Zukunft eine Fertigungszeichnung oder ein maßstäblicher Entwurf rechnerunterstützt entsteht und damit die handwerkliche Tätigkeit des eigentlichen Zeichnens zurücktritt, steigt aber das Bedürfnis, in einer Vorbereitungsphase oder bei Lösungsdiskussionen konstruktive Absichten unmittelbar zu entwickeln und leicht verständlich festzuhalten.

Neuere denkpsychologische Erkenntnisse im Zusammenhang mit dem Finden von Lösungen deuten darauf hin, daß es für den suchenden Ingenieur und Konstrukteur sehr hilfreich ist, wenn er die Gedanken, die sich in seinem Kopf zu Vorstellungen verdichten, aus der Hand fließen lassen kann und sie dabei bildhaft verkörpert. Der freie Skizziervorgang entlastet seine Gedanken, schafft Freiräume und Anregungen für weitere Ideen und unterstützt sein räumliches Vorstellungsvermögen.

Es ist für mich eine besondere Freude, daß der Autor zu einem Zeitpunkt, in dem Rechnereinsatz und konstruktionsmethodisches Vorgehen konventionelle Konstruktionstätigkeit verändern, mit seinem Buch über Technisches Freihandzeichnen eine leicht faßliche Wegweisung für die praktische Anwendung bietet und zugleich ein bedeutsames Zeichen für künftig zweckmäßige Entwicklungen setzt.

Meinem ehemaligen Diplomkandidaten und langjährigen Hilfsassistenten im Technischen Zeichnen und Maschinenelementen, der anschließend in einer vielfältigen konstruktiven Industrietätigkeit reichhaltige Erfahrung gewinnen konnte und nun an der Fachhochschule Gießen wirkt, wünsche ich mit diesem Buch einen anhaltenden Erfolg. Mögen sich möglichst viele Studenten, Ingenieure und Konstrukteure die vom Autor vermittelten Fähigkeiten zu ihrem persönlichen Nutzen zu eigen machen und damit zur Selbstverständlichkeit einer wieder zweckmäßigen Art der Vermittlung technischer Zusammenhänge beitragen.

Darmstadt, im September 1992   Prof. Dr.-Ing. Dr.h.c.mult. Gerhard Pahl

Vorwort

Es geht nicht um gerade Linien oder perfekte Kreise. Dafür gibt es Computer.

Es geht um Ihre Freiheit, unbeschwert Technik zu gestalten – Technik ist schon schwierig genug.

Freihandzeichnen heißt: Befreiung von ungeeigneten Hilfsmitteln und Werkzeugen. Wer Freihandzeichnen kann, hat mehr Freude bei der Arbeit.

Und deshalb doch: Entdecken Sie, wie Sie gerade Linien und perfekte Kreise zeichnen können – ohne Hilfsmittel. Befreien Sie sich von den motorischen und mentalen Belastungen durch den Zeichenvorgang: Je weniger Sie darüber nachdenken müssen, *wie* Sie etwas darstellen sollen, desto besser können Sie sich dem widmen, *was* Sie darstellen wollen. Freihandzeichnen braucht weder Drill noch lange Übung. Jeder Mensch kann die einfachen Formen der Technik schön darstellen. Machen Sie während der Lektüre ein paar von den Übungen.

Aber Zeichnen ist kein Selbstzweck: Man braucht es besonders zum Konstruieren. Weil elementare Grundlagen gerne übergangen und deshalb vernachlässigt werden, habe ich als Einstieg ein Kapitel zu Kopfrechnen, Maßaufnahme, Bemaßung, Toleranzen und Gestaltung eingefügt.

Die Konstruktionsforschung beschäftigte sich vor 25 Jahren wieder mit den elementaren Techniken des Konstruierens – nachdem sie Ende der 60iger Jahre lang große Hoffnungen auf Computer gesetzt (oder geweckt) hatte. Nun entdeckte sie wieder die zentrale Rolle des Zeichnens beim Konstruieren. Natürlich: Jede Maschine, jedes System hat einmal als Skizze angefangen – nicht im Computer.

Wolfgang Richter in Genf verdanke ich den Anstoß, das Freihandzeichnen einem größeren Publikum mit einem Lehrbuch zu erschließen. Mein Dank gilt auch der Resonanz aus der Leserschaft: Sie hat das Buch über die Jahre stetig verbessert. Viele meiner Bilder und Formulierungen sind (zitiert und unzitiert) in Skripten und kommerziellen Seminaren gelandet.

Ich gedenke Professor Pahl mit großer Dankbarkeit für seine fortwirkende Konstruktionsausbildung, für die Freude am Konstruieren und für seine außergewöhnliche Unterstützung.

Ich danke dem Springer-Verlag dafür, daß er früh die Bedeutung des Themas erkannte und für die langjährige angenehme Zusammenarbeit.

Gießen, im März 2017   Ulrich Viebahn

Inhalt

1 Einführung

Freihandzeichnen ist Freiheit. Jeden Tag sind Sie mehrmals in Situationen, in denen eine schnelle Skizze umständliche Erklärungen vermeiden würde. Stattdessen mühen Sie sich vielleicht mit dem Computer, mit Fotografien, mit Beschreibungen – meist nur mit dem Erfolg, daß Ihre Mehrarbeit hinterher nicht einmal gewürdigt wird.

Die Mühe und die fehlende Anerkennung führen dann dazu, daß Sie vor der Mitteilung eines schwer darzustellenden Zusammenhanges oder einer neuen Idee zurückschrecken. Dabei sind es gerade die vielseitigen und komplexen Dinge, die uns vor Langeweile bewahren. Wie leicht schließen Sie sich von der Entwicklung interessanter Dinge aus, wenn Sie Ihre Ideen und Arbeitsbeiträge nicht schnell und deutlich mitteilen können.

Und: Wer hat im Zeitalter des E-mail-Ping-Pong schon Zeit, sich erst mit Computerdarstellungen zu beschäftigen?

Sie sollen auf dem Weg zu einer Lösung nicht schon bei den Fragen steckenbleiben: "Kann ich es überhaupt darstellen?", "Sieht es professionell aus?" "Kann ich den Empfänger dafür interessieren?"

Die erfahrenen Praktiker arbeiten tagtäglich mit kleinen spontanen Zeichnungen und Handskizzen ("... ohne das geht's garnicht !"):
• in Angeboten
• in Verhandlungen mit Kunden
• bei Maßaufnahmen
• beim Konstruieren
• in Besprechungen mit den eigenen Mitarbeitern
• bei dringenden Reparaturen
• bei Versuchen
• in Berichten und Studien
• in Bedienungsanleitungen
Befragt man diese Praktiker, so haben sie sich das Skizzieren erst im Berufsleben langsam angeeignet; man könnte fast sagen: sich getraut und angewöhnt.

Es drängen sich zwei Gedanken auf:
• Es wäre effektiver, das Freihandzeichnen "richtig", also unter Anleitung, zu lernen.
• Schon für jeden Schüler, Lehrling und Studenten wäre die Beherrschung des Freihandzeichnens eine Erleichterung: durch den unglaublichen Zeitgewinn und durch seine Ausdrucksmöglichkeiten in Lehrveranstaltungen und Prüfungen; das beeindruckt und überzeugt *jeden* Lehrer.

Dieses Buch führt Sie systematisch und schnell zu Ihren im Verborgenen "schlummernden" Zeichenfähigkeiten.

1.1 Anwendungen der Freihandzeichnung

Meistens verlangen es die Umstände, freihändig zu zeichnen. Man kann das Freihandzeichnen aber auch bewußt pflegen, einerseits wegen "harter" Argumente wie
der Zeitersparnis und der hohen Informationsdichte, andererseits wegen "weicher"
Argumente wie Ästhetik, Einfachheit, Geschicklichkeit, Unabhängigkeit. Freihandzeichnungen können unterschiedlich aussehen. Das liegt an der jeweiligen Mischung
von Informationsgehalt, Genauigkeit und Schnelligkeit.

1. Skizze:
Sie besteht aus wenigen Strichen zur Verdeutlichung einer Anordnung, eines Prin-
zips, einer Form; mit Füller oder Kugelschreiber; mit geringsten Aufwand übermit-
telt sie große Informationsmengen pro Zeit; man verwendet sie in Situationen, wo
Worte ungeeignet sind oder nicht zur Verfügung stehen (Sprachbarrieren!); sie
begleitet ein Gespräch und dient als Gedankenstütze; sie kann als gewachsene
Skizze ein gemeinsames Diskussionsergebnis darstellen; mit einem Dokumentenscanner läßt sie sich an E-mails anhängen.

2. Konstruktionsskizze:
Sie ist vollständiger und detaillierter als die Skizze und hat meistens einen techni-
schen Bezug: persönliche Arbeitsunterlage eines Technikers, bevorzugt räumlich,
um sich etwas zu verdeutlichen; sie dient als Kristallisationspunkt und Anregung für
neue Ideen oder als Ausgangssituation einer systematischen Problemlösung – alle
Maschinen und Systeme haben einmal als Konstruktionsskizze angefangen. Bei
Maßaufnahmen dient sie der Dokumentation einer Situation: Gebäudelayout,
Anschlußmaße, Versuchsaufbau usw.

3. Fertigungszeichnung:
Sie wird freihändig und nach den Regeln des Technischen Zeichnens auf A4...A3
angefertigt. Sie ist die typische Fertigungsunterlage für Musterbau, Entwicklung,
Vorrichtungsbau, Versuchsabteilungen; besonders bei Änderungen. Die Freihandzeichnung ist der dramatisch kürzeste Weg von der Idee zum fertigen Teil. (Wolfgang Richter hat es mit dem 3,6-m-Spiegelteleskop für die ESO vorgemacht.)
Perspektivische Details verbessern die Verständlichkeit.

4. Illustration:
Sie ist eine Freihandzeichnung, bei der der Zeitgewinn gegenüber einer CAD-Zeichnung noch sehr deutlich ist, aber nicht mehr im Vordergrund steht: Wenn der Zweck
einerseits Vollkommenheit, Schönheit und Verständlichkeit erfordert, andererseits
aufwendige Techniken wegen der begrenzten Auflage oder Bedeutung übertrieben
wirken würden: bei Lehrunterlagen, Versuchsberichten, wissenschaftlichen Arbeiten.
Perspektive verbessert die Verständlichkeit sehr. Man findet die freihändige Illustration oft in Prospekten – natürlich, um *kreativ* und *kompetent* zu wirken.

1.2   Denken und Skizzieren

Wenn erfahrene Praktiker sich mit einem technischen Problem beschäftigen, greifen sie unwillkürlich nach Stift und Papier. In den dann folgenden Skizzen arbeiten sie den Kern des Problem heraus, zerlegen es in Unterprobleme, und am Schluß probieren sie verschiedene Lösungsmöglichkeiten aus. Dieser Drang, Zusammenhänge und Vorgänge aufzumalen, wird an einem Denk-Modell verständlich, welches nicht nur unter Konstruktionsforschern populär ist:

Zum Denken hat der Mensch ein Langzeitgedächtnis (LZG) und ein Kurzzeitgedächtnis (KZG). Die Augen und Ohren liefern Wahrnehmungen, die im KZG in kurzen Takten (< 0,1 sek) zu sinnvollen Informationseinheiten – nennen wir sie "Objekte" – kombiniert werden. Diese Objekte können einerseits Daten sein (*was* man weiß, Fakten, Inhalte) andererseits auch Methoden (*wie* man etwas macht, Instruktionen, Logik). Leider ist die Kapazität des KZG gering: Der durchschnittliche Mensch schafft es gerade, 7 dieser Objekte gleichzeitig im schnellen KZG zu halten – ähnlich einem Jongleur.

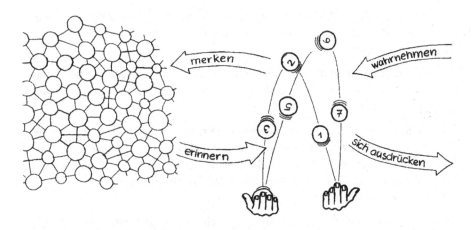

Bild 1.1 Langzeitgedächtnis (LZG) und Kurzzeitgedächtnis (KZG)

Weil das Jonglieren angestrengte Konzentration erfordert, legt man die Objekte zur Erleichterung in anderen Speichern ab: z.B. im LZG. Die Speicherkapazität des LZG ist angeblich unbegrenzt, hat aber ihren Preis: Das Abspeichern in einem Netz von Assoziationen und Eselsbrücken und das Wiederhervorholen erfordern Intelligenz und vor allem Zeit: Für das Erinnern braucht man 1...10 sek, manchmal auch Minuten oder Stunden. Das ist mühsam – sonst würden mehr Leute Schach spielen oder ihre Reden frei halten.

Das KZG besorgt sowohl den *Transport* als auch die *Verarbeitung* der Objekte: Deshalb begrenzen sich beide gegenseitig: Großer Datenverkehr behindert den kreativen Umgang mit den Objekten und umgekehrt.

Je nachdem, ob Bilder, Text oder Sprache transportiert werden, ist der für Daten zur Verfügung stehende Raum im KZG verschieden groß. Während Bilder praktisch ohne bewußte Denkvorgänge aufgenommen werden können, ist für das Lesen von Text schon ein höherer Denkaufwand nötig, und die höchste Konzentration ist wohl notwendig, um einem Gespräch folgen zu können.

In der umgekehrten Richtung gilt das Gleiche: Das Reden und das Formulieren von Text erfordern hohe Konzentration, weil Gedanken zu treffenden Worten und korrekten Sätzen seriell geordnet werden müssen.

Jetzt rettet uns die Skizze: Beim Zeichnen und Kritzeln gibt es keine Belastung des KZG durch Formulierung: Das "Vokabular" besteht aus wenigen automatischen Grundformen, und es muß keine Reihenfolge eingehalten werden. Eine Skizze kann ohne weiteres 20...50 Objekte enthalten (normalerweise ein Fall für das langsame LZG) und bietet trotzdem den millisekundenschnellen Zugriff des KZG: Das ist ideal.

Viele Ingenieure sagen, daß ihnen Gedanken und Vorstellungen als Zeichnung oder Kritzelei "aus der Hand fließen". Das Skizzieren ist nämlich viel mehr als nur ein Abspeichern auf Papier:

1. Zur Arbeitserleichterung möchte sich der Zeichner auf das Wesentliche beschränken; weil er dabei ständig Unwesentliches wegläßt, schleppt er bei seinen Überlegungen keinen Ballast mit.

2. Um überhaupt etwas zeichnen zu können, muß man eine persönliche Auffassung des Dinges entwickelt haben: Aus welchen Grundkörpern oder Objekten modelliere ich das Ding? Diese intellektuelle Leistung ist so intensiv, daß man Dinge, die man einmal gezeichnet hat, aus dem LZG immer wieder als fertige Bilder abrufen kann: Zeichnen ist gleichzeitig ein Lernen.

3. Eine Skizze ist ein motivierender Arbeitsfortschritt; das Gedächtnis ist entlastet, und man kann sich auf den nächsten Arbeitsschritt konzentrieren.

4. Eine Skizze wirkt auch als Kristallisationskeim, an dem sich weitere Einfälle anlagern. So wie sich Meinungen und Argumente erst in einer Diskussion entwickeln, so reifen Konzepte und Gestalten in der Wechselwirkung mit einer Skizze.

5. *Mehrere* Leute können auf *einer* hin- und hergeschobenen Skizze kreativ Ideen kombinieren, diskutieren und Probleme lösen.

6. Mit einer Zeichnung muß man sich festlegen, Proportionen einhalten und Logik beachten. Denk- und Konstruktionsfehler, Selbstbetrug und Auslassungen fallen in einer Zeichnung schneller auf als in Texten und Zahlenkolonnen. Eine Zeichnung ist kritische Instanz für Machbarkeit und Qualität.

1.3   Computer Aided Design

Es liegt nahe, daß der *kreative* Teil der Technik nicht vom Computer unterstützt wird.

Die Eingabe und Manipulation der Informationen, aus denen ein Gebilde im Rechner beschrieben wird, wird durch unnatürliche Benutzeroberflächen behindert. Die flüssige Beherrschung eines CAD-Programms setzt erheblichen Schulungsaufwand voraus: Bis man sich einigermaßen auskennt, braucht man 4 Wochen, denen *ständige* Übung folgen muß. Das ist nichts für gelegentliche Nutzer. Viele mögliche Anwender können das CAD nicht nutzen. Vielleicht ist das auch nicht schlimm: Nichts ist hinderlicher als ein ungeeignetes oder unbeherrschtes Werkzeug.

Selbst bei einem geübten CAD-Zeichner nehmen Kommandosprache und verschachtelte Menüs erhebliche mentale Kapazität in Beschlag und lassen ihn ermüden. Die Bildschirme sind im Vergleich mit einem Zeichenbrett immer noch viel zu klein (Warum arbeiten viele mit 2 Bildschirmen?) und zwingen ihn zu ständigem Verschieben und Zoomen.

CAD-Programme erwarten von Beginn an die Kenntnis aller Abmessungen und Eigenschaften des zu konstruierenden Gebildes, weil sie unvollständig gefüllte Datenstrukturen nicht verarbeiten können. Außerdem zwingen sie den Zeichner, nach einer Modellierungsstrategie vorzugehen. Damit er die eigentliche Bildschirmarbeit nicht ständig durch Überlegungen unterbrechen muß, muß er sich vorher die Grobgestalt und die Modellierung des zu konstruierenden Gebildes erarbeitet haben. Diese Vorarbeit (eigentlich ist es ja die Hauptarbeit...) kann er nur und am Schnellsten mit einer perspektivischen, teilweise bemaßten Freihandzeichnung leisten. Oder er bekommt die Skizze von seinem Vorgesetzten.

Was leistet CAD-Technik?
• Sie setzt weniger darstellerische, motorische und technische Vorkenntnisse
  als das Zeichenbrett mit Transparent und Bleistift voraus.
• Die Dateneingabe ist eine Vorstufe zum CAM und in dieser Hinsicht unver-
  zichtbar: Werkzeugbau, Modellierung von Freiformoberflächen, Rapid Prototyping
• Der bequeme Rückgriff auf bereits Vorhandenes verringert willkürlichen
  Wildwuchs und unbegründbaren Variantenreichtum.
• Sie beschleunigt die Variantenkonstruktion und einfache Änderungen.
• Es schleichen sich weniger Fehler und räumliche Unverträglichkeiten ein.
• Die Ausdrucke wirken realistisch und sind für Laien sehr überzeugend.
• Die 3D-Modelle sind eine anschauliche und genaue Grundlage für die Berechnung
  von Festigkeit, Verformung, Wärmefluß usw. mit Finiten Elementen.
• Das 3D-Modell "im Computer" ermöglicht eine Arbeitsteilung zwischen mehreren
  Personen und an mehreren Orten.
• Sie erlaubt die Simulation von Kinetik und Kinematik.

1.4   Methodische Überlegungen für die Ausbildung

Es ist grundsätzlich belastend, sich Wissen *und* Fertigkeit *gleichzeitig* aneignen zu müssen. Die traditionelle Ausbildung im Technischen Zeichnen (Regeln des Technischen Zeichnens und Zeichentechnik) hat darunter kaum gelitten, weil die manuelle Zeichentechnik das Gehirn überhaupt nicht belastet hat. Als man dann am Bildschirm zeichnen mußte, hat die Bedienung des Computers den größeren Teil der verfügbaren Denkkapazität verbraucht. Deshalb ist CAD zum Lernen der Regeln des Technischen Zeichnens völlig ungeeignet. Die Folge von 20 Jahren Ausbildung mit CAD: Eine durchschnittliche CAD-Zeichnung heute ist weniger deutlich als eine frühere Transparentzeichnung. Das wird jeder, der noch vergleichen kann, bestätigen.

So lehrt und lernt man das Technische Zeichnen besser: Wenn man zunächst nur wenige Techniken des Freihandzeichnens erlernt (2 Tage), kann man sich danach uneingeschränkt auf den Inhalt eines klassischen Lehrbuchs (Böttcher / Forberg) konzentrieren. Der Lernfortschritt ist hervorragend, und die Zeichnungen sind einfacher, deutlicher und klarer. Durch die Schnelligkeit der Freihandzeichnung werden Übungen nicht langweilig. Fehler können durch Wegwerfen und Neuanfangen beseitigt werden. Weil einfach viel mehr Zeichnungen gemacht werden können, beherrscht man mehr Inhalt und gewinnt gleichzeitig Zeichengeschicklichkeit.

Danach kann man seine Ideen flüssig darstellen – vielleicht sogar schon perspektivisch; erst dann kommt der geeignete Moment, in dem man die Beherrschung des CAD-Interfaces in Angriff nehmen kann.

Das Freihandzeichnen kann man auch ohne den beruflichen Hintergrund lehren und lernen: Für jeden Schüler, Lehrling oder Hobbyisten ist es interessant und nützlich, geometrische Grundformen schön zeichnen zu können. Vielleicht ist es auch ein Einstieg in das freie Zeichnen von natürlichen Formen.

Beim Freihandzeichnen greift man auf bereits vorhandene, und (hoffentlich) in der Schule weiterentwickelte Fähigkeiten zurück: Gefühl für Geradheit, Kreisform, Tangentenbedingung, rechte Winkel, Symmetrie usw. Wenn man außerdem noch gelernt hat, Störeinflüsse zu vermeiden, kann man schon hervorragend skizzieren.

Man muß sich nur getrauen, es überhaupt einmal zu versuchen.

Schnelligkeit erreicht man nur zum Teil mit dem Verzicht auf Zirkel, Lineal und Radieren. Ob man nämlich für eine Skizze 10 Sekunden, 1 Minute oder 1 Stunde braucht, hängt eher davon ab, wie gut man den inneren Aufbau des Dinges kennt, und wie genau man sich das Ding vorstellen kann. Bei neuen, zunächst unbekannten Teilen kommt es darauf an, wie schnell man sie aus bekannten Grundformen in der Vorstellung modellieren kann. Wer mit der Schnelligkeit unzufrieden ist, hat eigentlich Schwierigkeiten, sich das zu zeichnende Ding vorzustellen.

Die Bedeutung des Freihandzeichnens für jede technische Ausbildung:

• Mit der zeichnerischen Ausdrucksfähigkeit steigt der Lernerfolg und das Selbstvertrauen in allen technischen Fächern.

• Lehrlinge müssen Zeichnungen *lesen* können. Es ist aber erwiesen, daß es sinnvoll ist, selbst zu zeichnen: Mindestens in den großen deutschen Industrieunternehmen war es begründete Tradition, daß Lehrlinge auf hohem Niveau skizzieren und schönschreiben mußten.

• Schüler und Studenten können dem Unterricht besser folgen, wenn sie Tafelbilder schnell und richtig übernehmen können.

• Schüler und Studenten schneiden in Prüfungen besser ab, wenn sie passabel skizzieren können. Wie bereits gesagt: Das beeindruckt und überzeugt *jeden* Lehrer.

• Alle konstruktiven Lehrveranstaltungen, die auf der Grundlage des Freihandzeichnens durchgeführt werden, setzen keine besondere Ausstattung oder Räumlichkeiten voraus (Kosten, Flexibilität).

• Studien- und Diplomarbeiten lassen sich eindrucksvoll und vor allem zeitsparend freihändig illustrieren.

• Schüler und Studenten *können* vor ihrem Einstieg in den Beruf etwas *Praktisches*.

• In der Industrie gibt es viele interdisziplinäre Arbeitsgruppen. In dieser Umgebung müssen Ideen, Vorschläge, Sachverhalte usw. mit Nicht-Technikern und unter widrigen Umständen schnell und bequem ausdiskutiert werden. Was bringt es, in solchen Situationen mit dem Mauspfeil in CAD-Zeichnungen herumzuwischen?

• Wer Arbeiten delegieren will oder muß (an externe Konstruktionsbüros und Lieferanten), kommt nicht ohne Skizzen aus.

• Je höher ein Ingenieur in der betrieblichen Hierarchie steht, desto weniger Zeit, Gelegenheit und Lust hat er, am Computer Grafiken zu basteln; und wenn er das delegiert, muß er erst eine Skizze machen.

• Globalisierung ist kein Schlagwort, sondern Wirklichkeit. Wer von uns spricht und schreibt *technisches* Englisch, Amerikanisch, Spanisch, Portugiesisch, Französisch, Polnisch, Russisch? Wer versteht *radegebrochenes* technisches Englisch? Was nützt ein Dolmetscher, der kein Techniker ist? Also: Das einzige Medium ist die Skizze.

1.5 Selbststudium

Es gibt viele Gründe, daß Sie als Schüler, Lehrling, Handwerker, Verkäufer, Inge-
nieurstudent oder als Ingenieur (nachträglich) richtig skizzieren lernen. Allerdings
erschließen sich Ihnen die grundlegenden Zeichentechniken nicht von allein.

In diesem Buch sind deshalb alle wesentlichen Überlegungen und Techniken zum
Freihandzeichnen zusammengefaßt, die Sie im Alltag benötigen *könnten*. Es genügt
eigentlich, sich nur die ersten 60 Seiten vorzunehmen – alles andere können Sie sich
bei Bedarf herauspicken. Der behandelte Stoff ist so fein gegliedert, daß Sie in
Einheiten von maximal 1 Stunde vorgehen können. Die Übungsaufgaben sind kurz
und dienen nur dazu, daß Sie während der Lektüre Ihre vorhandenen Fähigkeiten
entdecken. Die beste Übung ist, das Gelernte dann im Alltag einzusetzen.

In den ersten Kapiteln erfahren Sie, daß Sie mit der vorhandenen Zeichengeschicklichkeit plötzlich genau wirkende Formen zeichnen können, wenn Sie einfach nur
bestimmte Fehlerquellen vermeiden.

Danach können Sie die Genauigkeit weiter steigern. Die meisten Techniken müssen
Sie nur kennen (z.B. Winkel konstruieren) und ein paar wenige müssen Sie ein
bißchen üben (z.B. Kreise ziehen). Mehrere Alternativen sollen Sie zum Experimentieren anregen, bis Sie Ihren eigenen Stil gefunden haben.

Am Ende der ersten Hälfte des Buches werden Sie Fertigungszeichnungen freihändig zeichnen können, die Zeichnungen aus dem Computer mindestens ebenbürtig
sind (mit dem Unterschied, daß Sie freihändig *viel* schneller sind). Es wurde mir
auch immer wieder berichtet, daß diejenigen, die mit "ordentlichen" Skizzen
arbeiten, im Kollegenkreis wegen ihrer Kompetenz und Produktivität auffallen.

Übrigens: Die Bedeutung und Wirkung von grafischer Perfektion wird von denen,
die sie produzieren, überschätzt. Die Empfänger von computer-erzeugtem Bildmate-
rial (z. B. die Vorgesetzten) fragen sich im Stillen, ob die kostbare Zeit nicht besser
für *kreative* Arbeit genutzt worden wäre.

Die zweite Hälfte des Buches behandelt die perspektivische Darstellung – für die
Fälle, bei denen es auf Anschaulichkeit besonders ankommt. Sie lernen, wie Sie
ohne Berechnungen ein Ding in jeder beliebigen Ansicht darstellen können. Zum
Modellieren in der Perspektive benötigen Sie einen wachsenden Vorrat an geometrischen Grundformen, die Sie aus der Vorstellung fertig abrufen können.

Zum Schluß lernen Sie Zeichentechniken kennen, mit denen Sie Dinge plastischer
und natürlicher erscheinen lassen. Die Beispiele sollen nur zeigen, daß Sie Kompliziertheit meistern können – mit Selbstvertrauen und schrittweisem Vorgehen.

2 Handwerkliche Grundlagen

2.1 Was man zum Freihandzeichnen braucht

1. Bleistift mit nicht zu feiner Spitze
   Ein Feinminenstift 0,7 ist genau richtig. Härtegrad HB oder H. Die Minenführung
   darf nicht federn und nicht wackeln. Am besten keine Clips.

2. Weißes Schreibpapier DIN A4 ohne Karos
   Karos, Linien oder Millimeterteilung helfen nicht – sie schaden! Sie verleiten zu
   ungünstigen Einteilungen und Maßstäben, irritieren das Auge und lenken von den
   gedanklich projizierten Formen ab. Kopiererpapier hat den Vorteil, fast immer
   verfügbar zu sein. Optimal: DIN A3. Komfort: 60 g - Papier aus der Druckerei.

3. Radiergummi – bleibt in der Schublade!
   Radieren unterbricht störend den Ablauf des Zeichnens und kostet Zeit. Radier-
   fussel stören auf der Arbeitsfläche. Radieren ist erlaubt bei Details von umfangrei-
   chen und fast fertigen Zeichnungen und bei mit Blei vorgezeichneten Tinten-
   Zeichnungen.

4. Glatte, nicht zu harte Unterlage
   Am besten Reste eines Bodenbelags. Freie Fläche von mindestens 500 x 700.
   Ellbogenfreiheit.

5. Gute Beleuchtung
   Gute Allgemeinbeleuchtung und (bei Rechtshändern) Licht von links. Die Hand
   darf keinen Schatten werfen.

6. Geduld, Konzentration, beruhigter Kreislauf, nicht fettende und trockene
   Zeichenhand.

7. Großes Geodreieck
   Nur zum Üben. Man braucht die Bestätigung, wie genau man auch ohne die
   gewohnten Hilfsmittel zeichnen kann: Nachmessen und Prüfen von gezeichneten
   Formen und Maßen.

für Fortgeschrittene:

8. Kolbenfüller mit M-Feder und schwarzer Tinte
   Keine teuren Marken kaufen – Schulfüller haben den besten Tintenfluß. Patronen-
   füller nerven, weil sie schnell leer sind; ein zweiter Füller mit roter Tinte ist praktisch.

9. Weißer Korrekturlack
   Bitte schnell trocknend

"Faule Tricks": Der gelegentliche und überlegte Gebrauch von Zirkel und Lineal oder improvisierten Hilfsmitteln schadet dem Freihandzeichnen nicht.

Sehr effektiv sind Kopieren, Pausen, Ausschneiden und Zusammenkleben.
Auf Kopien kann man weiterzeichnen. Man kann auch mehrere Skizzen auf DIN A3 kleben und danach wieder kopieren.

Radieren: Der Vorteil des Freihandzeichnens liegt gerade darin, daß durch eine bewußte Rücknahme der Vollkommenheit der Form bedeutende Gewinne hinsichtlich Zeichengeschwindigkeit und Ausdrucksfähigkeit erzielt werden. Radiert man in einer Zeichnung, dann wendet man sich doch wieder der Vollkommenheit der Form zu und verliert unbewußt die eigentlichen Vorteile des Freihandzeichnens aus dem Blick. Hinzu kommt, daß die durch Radieren erzielbaren Verbesserungen meist in keinem Verhältnis zur Radierzeit stehen. An einer verunglückten oder verunglückenden Zeichnung sollte man – auch im fortgeschrittenen Stadium – nicht weiterarbeiten: Gleich wegwerfen! Warum nicht auf einem neuen Blatt neu anfangen? Dann hat man mehr Freiheit bei der Neuanlage der Zeichnung und kann bis dahin angesammelte Fehler bei der Blattaufteilung oder den Proportionen gleich mit korrigieren. Man kann auch die guten Teile einer Zeichnung pausen und auf dieser Grundlage weiterarbeiten. (Leichtes 60 g - Papier läßt Bleistiftlinien gut durchscheinen.)

Zeichnen mit Füllfederhalter: Mit dem Bleistift zu schreiben ist anstrengend. Mit dem Füller schreibt es sich sehr flüssig und entspannt, das Schriftbild ist kontrastreicher. Man kann sehr bequem zwischen schreiben und skizzieren wechseln. Wenn man also sicher genug geworden ist, kann man dazu übergehen, mit dem Füller nicht nur zu schreiben, sondern auch zu zeichnen. Man kann übrigens alles nehmen, was leicht und kontrastreich schreibt: Tintenroller, Filzschreiber, usw. Kugelschreiber eignen sich nicht. Wolfgang Richter (s. Literaturverzeichnis) empfiehlt, mit einem Tuschefüller zu zeichnen und kleinere Fehler mit Tipp-Ex zu korrigieren. Der schwarze Tintenstrich hat einen überzeugenden Kontrast, mit dem die Skizzen deutlicher werden. Zusätzlich kann man einen zweiten Füller mit roter Tinte verwenden, um wichtige Details hervorzuheben.

Buntstifte: Wenn man einen skizzierten Entwurf hinsichtlich seiner Funktionen in Gedanken ausprobieren möchte, hilft es sehr, die Skizze mehrfach zu kopieren und dann Teile oder Baugruppen mit Farben zu verdeutlichen. Die Buntstifte müssen weich und von bester Qualität sein.

Dokumentenscanner: Skizzen eignen sich sehr gut, um E-mails rasch mit Informationen zu ergänzen, die man schwer in Worte fassen kann. Fotos sind mit unwichtigen Details überladen und undeutlich. Weil die Skizzen schnell überhandnehmen, muß man sich rechtzeitig eine Ordnerstruktur für die Scans überlegen.

2.2 Linienbreiten

Mit einem Feinminenstift 0,7 oder auch 0,9 lassen sich alle Linien mit einer Breite
von 0,1 bis 1 mm kontrolliert zeichnen. Ein kompletter Satz Stifte ist unnötig. Der
gleichzeitige Gebrauch verschiedener Minen behindert die Entwicklung eines Ge-
fühles für den richtigen Anpreßdruck. Illustrationen gehorchen den Regeln für eine
Tuschezeichnung und verlangen nach deutlich abgestuften Linienbreiten. Die Linien
müssen schwarz sein. Skizzen kommen mit einer Linienbreite aus. Die Linien können dann auch grau sein.

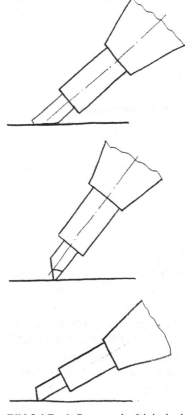

1 mm erreicht man durch die Neigung des
Stiftes und das Flachschleifen der Mine. Die
Mine schleift sich flach, wenn sie nicht gedreht wird. Man kann sie absichtlich auf einem Stück Schmierpapier abschleifen.

0,1 mm erreicht man, wenn man die Mine
flachschleift und sie dann (d.h. den ganzen
Stift) etwas dreht. Allerdings wird die Linie
schon nach wenigen cm breiter. H-Minen
halten ihre "Schärfe" etwas länger.

Für kurze dünne Linien kann man auch den
Stift flacher halten. Der Strich wird leicht
grau, weil man nicht so stark aufdrücken
darf.

Bild 2.1 Beeinflussung der Linienbreite

Für gute Kopierbarkeit ein intensiv schwarzer Strich wichtig, den man mit betontem
Druck erhält. Die Zeichenunterlage muß aber so hart sein, daß die Mine sich nicht
eingräbt.

2.3 Kinematik des Armes

Das Haupthindernis, mit dem Freihandzeichnen zu beginnen, ist die irrige Annahme, ohne Lineal keine gerade Linie ziehen zu können. Wenn man sich die Kinematik des Armes bewußt macht, lassen sich die Störfaktoren ausschließen, die eine Gerade wellig oder krumm machen. Mit ein wenig Übung lassen sich Geradheiten von mindestens 1% erreichen (Toleranzzone von 3 mm auf 300 mm Länge). Diese Genauigkeit ermöglicht die Verwendung als Bezugselement (Mittellinie, 0-Niveau, Hilfslinie) und wird optisch als nicht verbesserungsbedürftig empfunden. Langwellige Richtungsänderungen wirken wesentlich störender als kurzwellige Verzitterungen.

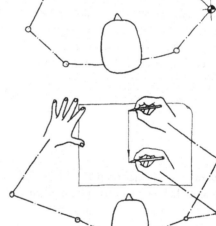

Falsch: Wenn der Unterarm geschwenkt wird, wirkt er als Zirkel.

Richtig: Nur den Oberarm schwenken. Unterarm und Hand bleiben starr. Die Zeichenhand wird in Richtung des Körpers gezogen. (Ziehen ist mechanisch stabiler als schieben.) Die Beurteilung der Geradheit gelingt am Leichtesten, wenn die Gerade in Richtung Nase zeigt.

Bild 2.2 Falsche und richtige Armbewegung
beim Ziehen langer Geraden

2.4   Wie man den Stift hält:

Vergessen Sie das "künstlerische" *Stricheln* von Linien. Es kostet Zeit, die Linien werden nicht gerade, die Form wird nicht deutlich, und es sieht nicht gut aus. Wir wollen schwarze, deutliche Konturen. Das erreichen wir, indem wir die gewünschte Form ganz dünn vorzeichnen (dann müssen wir nichts wegradieren) und danach die gültigen Linien kernig, schwarz und breit darüber ausziehen. Also:

Vorzeichnen. Beim Vorzeichnen modellieren wir die gewünschte Form. Es kommt auf die Genauigkeit an. Die über das Papier gezogene, leicht angespannte Hand dämpft das Zittern und die Schwankungen der Muskelspannung. Dieser Reibungsdämpfer wirkt nur dann, wenn die Hand sauber ist und die Handkante und der Kleine Finger auf dem Papier aufliegen. Die anderen Finger stützen sich auf dem Kleinen Finger ab.

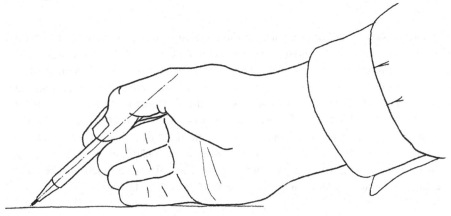

Bild 2.3 Die trockene und saubere Hand muß großflächig auf dem Papier liegen

Der Stift muß weit (40 bis 60 mm) aus der Hand herausragen, um die Papieroberfläche überhaupt zu erreichen. Das Ende des Stiftes muß in der Beuge zwischen Daumen und Zeigefinger abgestützt sein. Keine Bleistiftstummel!

Gleichzeitig erreicht man einen leichten Minendruck, wie er für die dünnen und grauen Linien beim Vorzeichnen erwünscht ist.

Durch die große Spannweite zwischen Mine und Hand ist die Gefahr des Verschmierens von vorhandenen Linien gering.

Diese Handhaltung ermöglicht einen ungestörten Blick auf die Umgebung der zu zeichnenden Linie. Wie will man denn rechte Winkel, Parallelen und Kreisformen genau zeichnen, wenn man die vorher gezeichnete Bezugslinie nicht sieht?

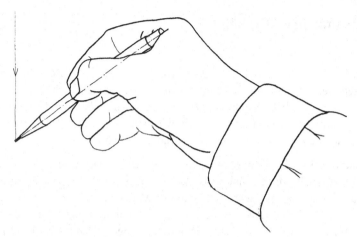

Bild 2.4 Ungestörter Blick auf die Umgebung der zu zeichnenden Linie

Ausziehen. Nachdem beim Vorzeichnen die gewünschte Form in dünnen grauen Linien erzeugt worden ist, müssen erstens die gültigen Linien hervorgehoben und zweitens die verschiedenen Linienarten nach ihrer Bedeutung unterschieden werden. Es geht also darum, die Linien kräftig schwarz, aber unterschiedlich breit und mit verschiedenen "Mustern" nachzuziehen. Dazu wird der Bleistift kürzer gefaßt, steiler gehalten und kräftig aufgedrückt. (Entspannter ist es mit einem Füller: Er liefert die schwarzen, breiten Linien völlig ohne Druck.) Die Hand liegt fest auf, und die Stiftbewegung kommt nur aus den Fingern. Daß man deshalb häufiger absetzen muß, ist nicht schlimm – die Form liegt ja schon vorgezeichnet fest. Die fetten Striche nicht überlappen: das sieht schlecht aus – lieber eine kleine Lücke lassen.

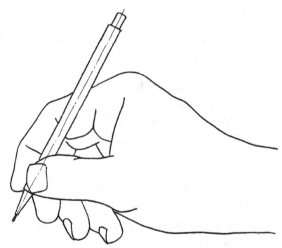

Bild 2.5 Mit dieser Stifthaltung erhält man einen kräftig schwarzen Strich.

2.5 Andere Schreibgeräte

Im Berufsalltag gibt es noch Kugelschreiber, Tintenroller, feine Filzschreiber, dicke Filzschreiber, Füllfederhalter.

Kugelschreiber. Sie haben den Nachteil, daß sie schmieren können. Die Strichdicke ist dünn und läßt sich nicht variieren. Aber man kann mit Kugelschreibern flüssig *schreiben*. Die Reibung auf dem Papier ist gering – man tut sich schwer mit geraden Linien und ebenmäßiger Schrift. Nicht empfehlenswert für vorzeigbare Skizzen.

Tintenroller. Strichdicke ist deutlich und breit. Aber man bekommt keine dünnen Linien. Man kann damit sehr flüssig schreiben. Trotzdem werden Linien gerade und Schrift ansehnlich. Vertretbarer Ersatz für den Füller, s.u.

Feine Filzschreiber. Sind schnell ausgetrocknet; nur eine Strichdicke; die Spitze zerfasert sich schnell. Nicht empfehlenswert.

Dicke Filzschreiber. Man braucht sie zum Schreiben auf Flipcharts und auf Teilen. Dünne Linien sind schwierig. Wegen der richtigen Proportion zwischen Strichdicke und dargestelltem Ding nur auf großen Formaten. Nur große Schrift möglich. Das Zeichnen auf großen Formaten (z. B. auf Flipcharts) ist wegen optischer Verzerrungen schwierig. Es ist empfehlenswert, Skizzen für Flipcharts vor einem Tisch stehend vorher zu zeichnen (Linien müssen immer auf die Nase zeigen). Skizze mit Bleistift dünn vorzeichnen. Unterscheidung von dünnen und breiten Linien mit unterschiedlichen Farben improvisieren: Teil schwarz – Maße blau. Hervorhebungen rot.

Füller. Ein Füller mit der richtigen Feder "kann" schmale und breite Linien. Man kann flüssig und ebenmäßig schreiben. Die Reibung auf dem Papier dämpft sehr gut die Wackler. Die Fingermuskeln ermüden viel weniger als mit einem Bleistift. Die Skizzen sind kontrastreich und optisch ansprechend, besonders, wenn man 2 Füller für verschiedene Farben benutzt: Schwarz und rot oder blau und rot. Wenn man ein bißchen Übung und Sicherheit gewonnen hat und nicht mehr radieren muß, ist der Füller sehr empfehlenswert.

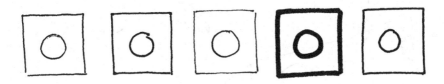

Bild 2.6 Kugelschreiber – Tintenroller – feiner Filzschreiber – dicker Filzschreiber – Füller

2.6   Mit dem Füller zeichnen

Der Füller muß eine breite und ebene Spitze haben (unter der Lupe ansehen). Je
nachdem, wie man die Feder aufsetzt, erhält man einen breiten oder schmalen Strich.
Ist die Spitze der Feder gewölbt, erhält man nicht die klare Unterscheidung zwischen breitem oder schmalem Strich.

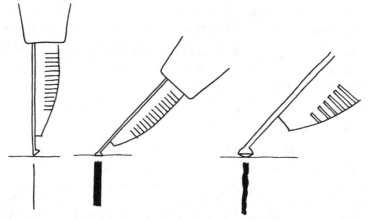

Bild 2.7 Form der Federspitze

Weil man beim Füller nicht vorzeichnen kann, ist es besonders wichtig, daß man die
gewünschte Form vorher auf dem Papier "sieht": Die Bezugslinien dürfen nicht von
den Fingern (von dem zu kurz gefaßten Füller) verdeckt werden. Das hilft auch gegen das Verschmieren von noch nicht getrockneten Linien.

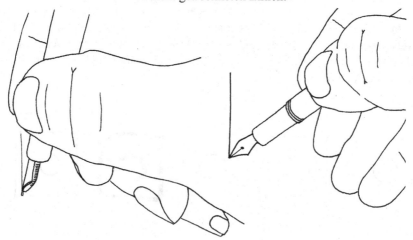

Bild 2.8 Schmale und breite Linien mit Füller

Damit man mit dem Füller nicht in den Unradierbarkeits-Streß gerät, darf man sich eine Blatteinteilung (oder auch mehr) mit Bleistift machen. Mit zunehmender Übung kann man sich getrauen, weniger und weniger vorzuzeichnen; das Radieren ist nämlich wirklich lästig.

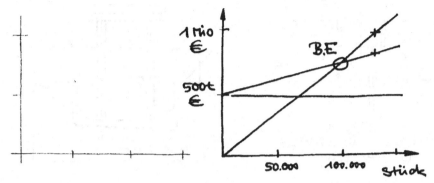

Bild 2.9 Mit Blei vorzeichnen, dann mit Tinte ausziehen und hinterher Blei wegradieren

Damit die Linien nicht verschmieren, muß man bei der Zeichenreihenfolge in eine bestimmte Richtung (von links nach rechts oder von innen nach außen) arbeiten. Wie schnell die Tinte trocknet, hängt von der Papiersorte ab. Den Füller wegen der Schmiergefahr möglichst weit aus der Hand ragen lassen.

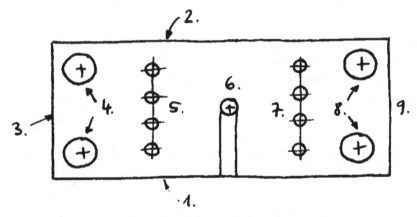

Bild 2.10 Zeichenreihenfolge: die Tinte nicht verschmieren

Bei den lokalen Details muß man sich von vorneherein vorstellen können, welche
Linien unsichtbar bleiben. Das gelingt, indem man eine Skizze mit den *vorne* liegenden Bauteilen beginnt und dann *schichtenweise nach hinten* arbeitet.

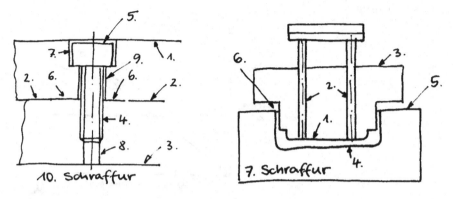

Bild 2.11 Unsichtbare Linien vorhersehen – "vorher sehen"

An das Problem der unsichtbaren Linien muß man besonders bei perspektivischen
Skizzen denken. Weil man anfangs noch nicht weiß, wo sich Linien treffen, zeichnet
man sie vorsichtshalber zu kurz und flickt sie hinterher aus. Zu lange Linien kann
man mit Tipp-Ex abdecken. Bis man darauf wieder zeichnen kann, muß man ziemlich lange warten.

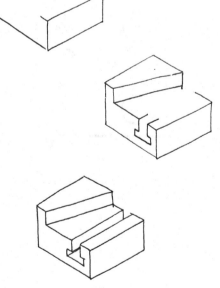

Grundgerüst ohne die Linien, die verdeckt sein könnten. Ein paar Orientie-
rungspunkte (Ecken) markieren:

Den Körper um die Linien erweitern,
die bestimmt sichtbar sind:

Sichtbare Kanten verlängern und ergänzen; Fehler und Punkte mit Tipp-Ex
ausbessern:

Bild 2.12 Unsichtbare Linien beherrschen

2.7 Das Sehen

Das Sehen spielt die wichtigste Rolle bei der Führung der Zeichenhand. Leider gibt es Störeinflüsse: Optische Täuschungen. Die muß man kennen und vermeiden.

Der Sehvorgang besteht nicht nur aus der optischen Abbildung eines Gegenstandes auf der Netzhaut, vielmehr werden die empfangenen Signale noch mehrfach (und von Person zu Person verschieden) nachbearbeitet und verändert, bis sie dann zur Steuerung der Zeichenhand zur Verfügung stehen. Die Nachbearbeitung durch das Gehirn kann darin bestehen, daß eine gerade Form, die nach den Regeln der Optik im Auge selbst als gebogen abgebildet wird, hinterher wieder als gerade ausgegeben wird. Es ist auch bekannt, daß die optische Verkleinerung der Gegenstände mit der Sehentfernung teilweise vom Gehirn kompensiert wird – sonst wären die Personen auf den Urlaubsfotos nicht immer so klein.

Für das Freihandzeichnen bedeutet das, daß man erstens die für Täuschungen anfälligen Situationen vermeiden und zweitens kritische Seh-Operationen immer unter bestimmten ungefährlichen Standardbedingungen durchführen sollte.

Vorsicht: Kommt man beim Ziehen einer Geraden an einem anderen Objekt vorbei, wird der Stift *magnetisch* von diesem Objekt abgestoßen oder angezogen. Besonders kritisch sind das Überqueren oder auch nur die Nähe geneigter Geraden und Kreisbögen.

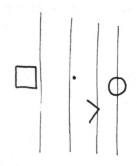

Bild 2.13 "Magnete"

Die **Geradheit** einer Linie kann man zuverlässig beurteilen, wenn sie mit der Nase des Betrachters fluchtet. Dieselbe Lage ist aber ganz schlecht, wenn man Symmetrie oder **Proportionen** für den Stift beurteilen will: Da müssen die Strecken quer vor dem Betrachter liegen.

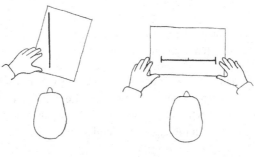

Geradheit   Proportionen, Maße

Bild 2.14 Hauptregel gegen optische Täuschungen: Geradheit = längs   Messen = quer

Brille: Wenn man nicht genau gerade (axial) durch die Gläser sieht, "verbiegen" sich Geraden. Deshalb muß man als Brillenträger noch genauer darauf achten, daß Linien mit der Nase fluchten bzw. daß Strecken genau quer vor einem liegen. Auch das Schätzen von Maßen leidet unter einer Brille.

Schatten: Manche Büros haben eine starke Beleuchtung, bei der Finger und Hand Schatten auf das Papier werfen. Das beeinträchtigt das Sehen sehr. Manchmal hilft es dann, sich etwas verdreht an den Tisch oder an einen anderen Tisch zu setzen.

Der Winkel, in dem das Auge etwas scharf sieht, beträgt nur etwa 1 bis 2°.
Das *Gesichtsfeld* der Augen ist aber wesentlich größer – horizontal vielleicht 160°.
Wenn man nun die Spitze des Stiftes fixiert, verliert man damit die entfernt gelegenen Bezugsobjekte für eine neue Linie ("das Große Bild") aus den Augen. Ein Hin- und Her-Scharfstellen der Augen nützt nichts. Vor dem Zeichnen von Parallelen, beim Teilen von Strecken, beim Verbinden von Punkten, usw. muß man das *Gesichtsfeld* wieder einschalten: Einfach *ohne scharfzustellen* zwischen die beiden zu koordinierenden Dinge zu blicken, quasi "ins Leere zu starren". So behält man beide Dinge im Auge und kann die Zeichenhand entsprechend führen.

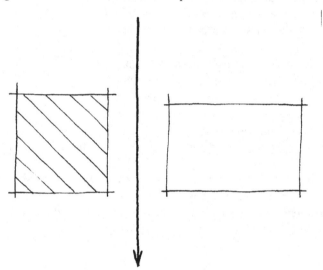

Bild 2.15 Das Auge ruhig halten – die Situation unscharf ansehen
– und dann nach Gefühl die Linie ziehen

Es ist auch einen Versuch wert, mit nur *einem* Auge zu visieren, oder sich ein bißchen zurückzulehnen. Messen Sie am Anfang – zum Lernen – jede freihändige Operation mit dem Geodreieck nach, um auf optische Täuschungen aufmerksam zu werden. Das stärkt das Vertrauen in die eigenen Fähigkeiten.

3 Geraden und Rechtecke

3.1 Wie man eine gerade Linie zieht

Lange Geraden braucht man als Bezugselement am Anfang jeder Skizze. Sie sollen mit Bedacht und Konzentration gezogen werden. Wenn die erste Linie nichts wird – dann ab damit in den Papierkorb! Und weil wir im Folgenden ständig das Papier drehen müssen: *Nicht* auf einem *Stapel* Papier zeichnen.

1. Platz schaffen auf der Zeichenunterlage.

2. Auf dem Papier sollte möglichst noch nichts drauf sein. Das Auge wird irritiert durch plötzlich auftauchende Objekte. Unschädlich sind allerdings Parallelen oder Geraden im Rechten Winkel.

3. Das Papier so drehen, daß die Gerade in Richtung Nase gezogen werden kann. Die gespreizte linke Hand hält das Papier.

4. Den Stift wie empfohlen oder geübt oder erprobt fassen und vor den Ausgangspunkt der Geraden bringen.

5. Leicht durchatmen, Atem anhalten, die Muskulatur in eine leichte Starre versetzen.

6. Mit mäßiger Geschwindigkeit (s.u.) die Gerade ohne abzusetzen von oben nach unten durchziehen. Die Bewegung darf nur aus dem Oberarm kommen. (s. S. 12)

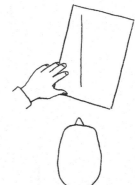

Bild 3.1 Die Gerade muß auf die Nase zeigen

7. Bei sehr langen Geraden (z.B. bei Plakaten) ist es vorteilhaft, zu stehen und den Gesamtweg auf Oberarm und den pendelnden Körper aufzuteilen. Das geht natürlich nur, wenn man sich nicht aufstützt.

8. Am Anfang der Geraden erhält man durch den "Anfahrvorgang" fast unweigerlich einen "Wackler". Wenn man einige Zentimeter *vor* dem gewünschten Punkt startet, kann man den Wackler wegradieren.

9. Die Zeichengeschwindigkeit beeinflußt die Dämpfung zwischen Hand und Papier.
Nicht zu langsam:
Unter ca. 100 mm/sec erhält man eine ruckende Bewegung ("stick-slip").
Nicht zu schnell:
Über ca. 300 mm/sec hat man den Arm nicht mehr unter Kontrolle.

Übungsaufgabe 3.1:

• Ziehen Sie auf etwas gedrehtem Papier (DIN A3 hoch) lange Geraden.

• Abstand der Linien untereinander mindestens 40 mm. Sie sollen nicht parallel sein.

• Wenn Sie merken, daß eine Linie krumm wird, fangen Sie eine neue an.

• Bestimmen und notieren Sie immer sofort die Geradheit Ihrer Geraden.

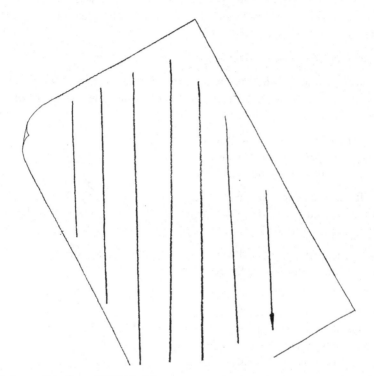

Bild 3.2 Lange Geraden auf DINA3 ziehen.

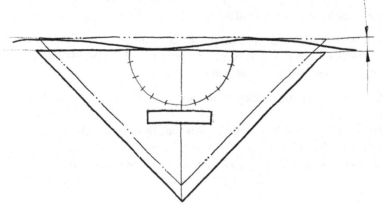

Bild 3.3 Bestimmung der Geradheit mit einem großen Geodreieck

3.2   Gerade durch zwei Punkte

Es ist schwierig, eine gerade Linie zu ziehen und gleichzeitig dabei einen bestimmten Punkt zu treffen. Wenn eine Gerade durch einen Punkt gelegt werden soll, dann sollte man deshalb die Gerade an diesem Punkt beginnen. Gelegentlich müssen auch zwei entfernte Punkte (Abstand ca. 100 bis 300 mm) durch eine Gerade verbunden werden. Dafür gibt es zwei Methoden:

Non-Stop-Methode. Sie ist schnell und risikoreich. Sie erfordert ständige Übung.

1. Sich etwas zurücklehnen und das Papier so drehen, daß die zu verbindenden Punkte mit der Nase fluchten.

2. Die Verbindungsstrecke mehrfach mit den Augen abfahren, einprägen oder vorstellen.

3. Mit dem Stift (Armbewegung und Haltung wie beim Zeichnen langer Geraden) die Punkte mit einigen "Leerhüben" in der Luft verbinden, um zu sehen, ob man das Zielkreuz trifft.

4. Mit mäßiger Geschwindigkeit die Gerade ohne abzusetzen von oben nach unten durchziehen. (s. S. 12)

Übungsaufgabe 3.2:

• Zeichnen Sie auf einem Papier DIN A4 oder A3quer oben und unten in unregelmäßigen Abständen (20 bis 30 mm) Kreuze (10 mm).

• Die Kreuze müssen deutlich, d.h. dünn und schwarz sein.

• Verbinden Sie immer zwei Kreuze durch eine gerade Linie

• Arbeiten Sie von links nach rechts fortschreitend.

• Wenn Sie merken, daß Sie das Ziel verfehlen, versuchen Sie nicht, die Linie hinzubiegen – es wäre keine Gerade mehr.

• Messen und notieren Sie die Geradheit der Linie und die Abweichung vom Zielkreuz.

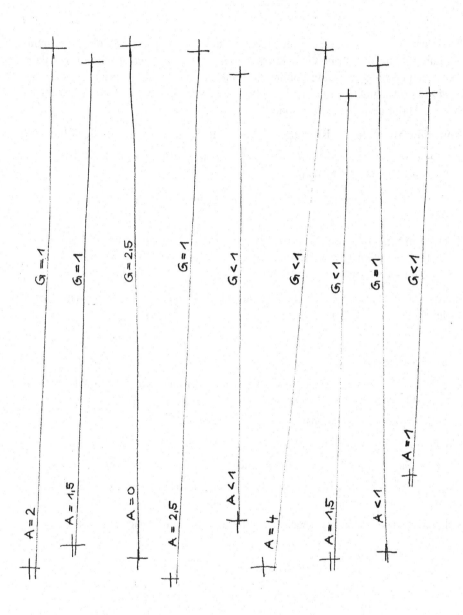

Bild 3.3 Gerade durch zwei Punkte legen mit der Non-Stop-Methode
(A = Abweichung vom Zielpunkt, G = Geradheit, Werte in mm)

Weil die Non-Stop-Methode schwierig wird, wenn zwischen den zu verbindenden Punkten schon Formen liegen, die den Stift magnetisch ablenken können, gibt es eine Alternative, die einfacher zu beherrschen ist: die **Stützpunkt-Methode:**

1. Drehen Sie das Papier so, daß die zu verbindenden Punkte mit der Nase fluchten.

2. Suchen Sie mit der Spitze des Stiftes (er ragt weit aus der Hand) die "Mitte" zwischen den beiden Punkten – versuchen Sie den *Abstand* zu halbieren. Sorgfältig schätzen: "Ist es wirklich die Mitte?"

3. Halbieren Sie sich ergebenden Abschnitte wieder durch Stützpunkte – wenn die Abschnitte klein genug sind, können Sie sie freihändig verbinden.

4. Das Ergebnis: Geraden, die ihren Namen verdienen.

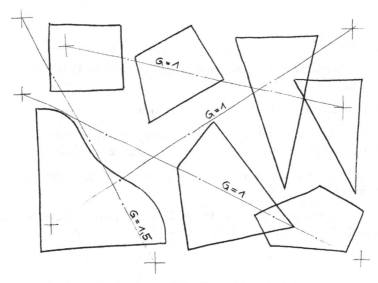

Bild 3.5 Gerade durch zwei Punkte legen mit der Stützpunktmethode

Übungsaufgabe 3.3:

• Zeichnen Sie auf einem Papier DIN A3 einige unregelmäßige Vierecke mit geraden Kanten als störende Hindernisse. (Sie können auch eine Zeitungsseite nehmen.)

• Zeichnen Sie mehrmals zwei Kreuze im Abstand von ca. 100 bis 300 mm ein.

• Verbinden Sie diese Punkte mit der Stützpunkt-Methode.

• Bestimmen Sie die Geradheit Ihrer Verbindungslinien.

3.3   Rechtecke

Rechtecke kommen so häufig vor, daß man lernen muß, sie ohne nachzudenken einfach so hin zu zeichnen. Sie dienen auch dazu, unregelmäßige Formen in Rahmen oder Kästen wiedereinzufangen.

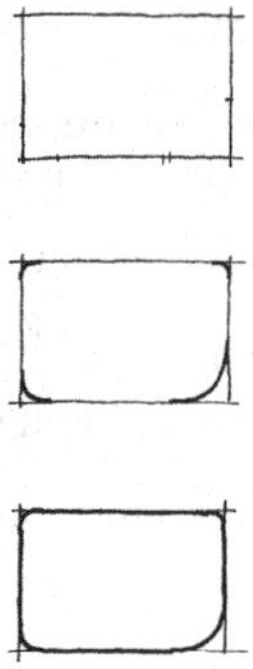

Bild 3.6 "boxen" bedeutet: kleinere Formen in einer "box" anlehnen.

Für jede Größe gibt es verschiedene Zeichentechniken.

Große Rechtecke

Große Rechtecke braucht man beim Vorzeichnen als *Gerüst* für Details. Bitte sorgfältig zeichnen.

1. Die Zeichentechnik ist dieselbe wie beim Zeichnen langer Geraden

2. Die Kanten (Parallelen) immer paarweise zeichnen; immer die *linke* Kante zuerst, damit sie beim Zeichnen der *rechten* Kante *sieht* und sie als Bezug nehmen kann.

3. Das *Papier* nach jeweils einem Parallelenpaar *drehen*. Auf dem Schreibtisch muß deshalb genügend Platz sein.

4. Die Linien *überkreuzen* sich an den Ecken. Es kommt ja *nicht* darauf an, den Linienanfang zu treffen, sondern winklig und parallel zu zeichnen.

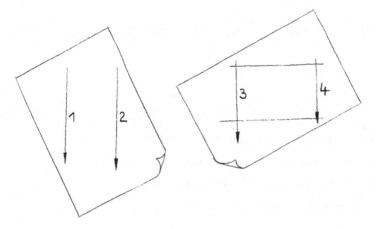

Bild 3.7 Zeichenreihenfolge der Kanten für große Rechtecke

Übungsaufgabe 3.3:

• Zeichnen Sie auf einem gedrehtem Papier etwa 8 ineinander verschachtelte Rechtecke.

• Beginnen Sie mit einigen großen (120 x 180) Rechtecken, und füllen Sie das Blatt mit zunehmend kleineren (40 x 60).

• Achten Sie besonders bei den größeren Rechtecken auf Rechtwinkligkeit und Parallelität.

• Die Rechtecke sollen auch untereinander parallel ausgerichtet sein. Die "Schnittmengen" sich überlagernder Rechtecke müssen wieder Rechtecke sein, sonst hat etwas mit der Form der großen Rechtecke nicht gestimmt.

• Halten Sie unbedingt die beschriebene Strichfolge ein: erst links, dann rechts.

• Papier drehen, damit Sie immer in Richtung Nase zeichnen.

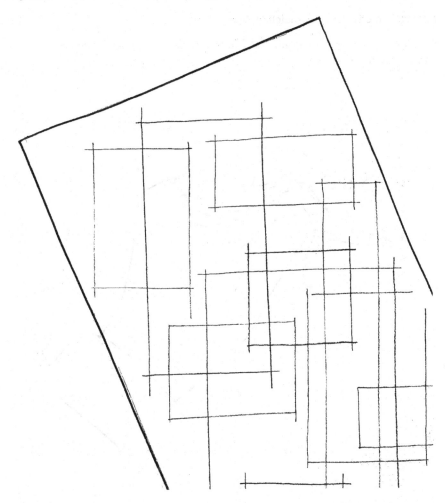

Bild 3.8 Übung mit großen Rechtecken

Mittlere Rechtecke (20 bis 50 mm)

Sie rechtfertigen wegen ihrerer Häufigkeit und den geringeren Anforderungen an die Genauigkeit nicht den Aufwand (Körperkontrolle, Papierdrehen), wie er bei großen Rechtecken getrieben werden muß. Um das Papierdrehen einschränken zu können, müssen für die unterschiedlichen Zeichenrichtungen die jeweils besten Zeichentechniken unterschieden werden.

1. Die Hand ruht mit der Handkante auf dem Papier. Der Stift ragt etwa 40 mm aus der Hand.

2. Die Gerade wird allein durch das Beugen der Finger gezogen – auf den Körper zu.

3. Es besteht die Gefahr eines leichten Bogens.

4. Die Bewegung ist gut kontrollierbar. Mit abgewinkelter Hand können auch Diagonalen gezogen werden.

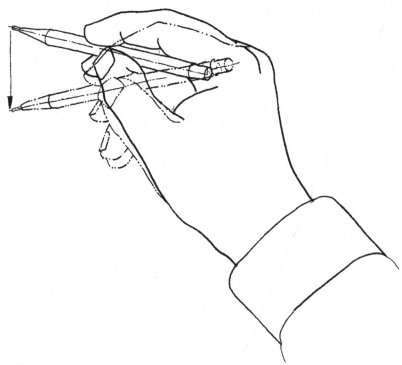

Bild 3.9 Stifthaltung für kurze senkrechte Geraden

Auch bei mittleren Rechtecken ist es vorteilhaft, das Papier zu drehen:

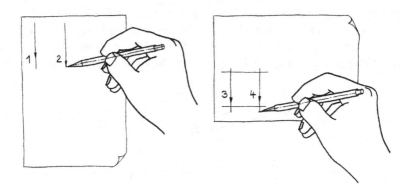

Bild 3.10 Strichfolge beim Zeichnen von mittleren Rechtecken

Übungsaufgabe 3.4:

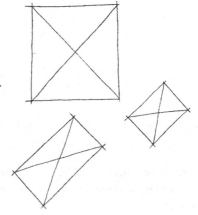

• Zeichnen Sie Rechtecke mit unterschiedlichen
  Proportionen mit einer Kantenlänge von
  15 bis 50 mm. Die Rechtecke gegeneinander
  neigen

• Abstand der Rechtecke voneinander ca. 30 mm.

• Zeichnen Sie in jedes Rechteck die Diagonalen
  ein. Die Diagonalen sollen nicht über die
  Ecken hinausragen.

• Die Linien sollen dünn und schwarz sein.

Übungsaufgabe 3.5:

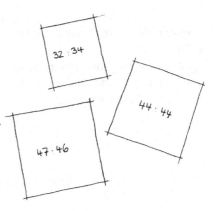

• Zeichnen Sie Quadrate mit einer Kantenlänge
  von 20 bis 50 mm. Die Quadrate gegeneinander neigen.

• Abstand der Quadrate voneinander ca. 30 mm

• Bemühen Sie sich besonders um die Quadratform. Schauen Sie möglichst senkrecht auf die
  Zeichenfläche und versuchen Sie, sich das
  Quadrat vorzustellen, bevor Sie es mit der vier-
  ten (und letzten) Kante schließen.

• Messen und notieren Sie nach jedem Quadrat
  die beiden Kantenlängen.

Kleine Rechtecke (unter 20 mm)

Kleine Rechtecke und Quadrate kommen sehr häufig vor und haben oft nur symbolische Funktion – es genügt, wenn der Betrachter erkennt: "Aha, ein Rechteck...". Sie dürfen flüchtig und vor allem schnell gezeichnet werden. Sie lassen sich auch ohne Drehen des Papieres und ohne Änderung der Stifthaltung zeichnen, indem man den Stift durch Beugen und Strecken der Finger führt. Die Hand liegt dabei fest auf.

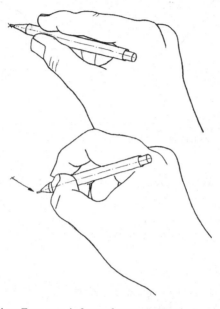

Bild 3.11 Zeichnen kleiner Formen mit fest aufgesetzter Hand.

Die gute Bewegungsmöglichkeit dieser Stifthaltung erlaubt, unregelmäßige Formen ohne abzusetzen zu ziehen – sie hat aber den Nachteil, daß man den Reibungsdämpfer nicht mehr hat.

Der Nähmaschinen-Trick lenkt die Hand vom Zittern ab:
Die gedachte Kontur springend punktiert vorzeichnen mit einem Punktabstand von ca. 1... 2 mm. Danach nachzeichnen.

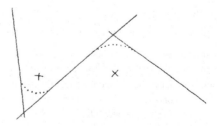

Bild 3.12 Punktierte Form

3.4   Parallelogramme

Parallelogramme waren auch einmal Rechtecke. Sie kommen in der Perspektive vor. Es gibt keinen rechten Winkel mehr zur Orientierung, und deshalb werden sie leicht windschief. Es bleibt nur noch die Parallelität der Kanten. Es gibt aber den Trick, daß man die Linie, zu der man die Parallele ziehen möchte, senkrecht zur Tischkante dreht: Dann hat man wieder einen Rechten Winkel zur zusätzlichen Orientierung.

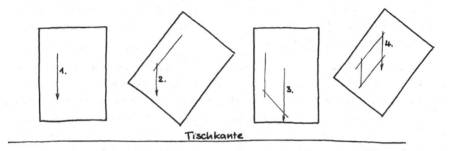

Bild 3.13 Parallelogramme zeichnen

Übungsaufgabe 3.6:

• Zeichnen Sie Parallelogramme mit einer
  Kantenlänge von 20 bis 50 mm.
  Die Parallelogramme gegeneinander neigen.

• Wählen Sie für den stumpfen Winkel Werte
  zwischen 100 und 135° (90 + 45°)

• Den stumpfen Winkel anlegen

• Das Papier so drehen, daß die lange Kante senkrecht zur Tischkante liegt

• Die zweite lange Kante parallel dazu zeichnen

• Das Papier wieder drehen

• Das Parallelogramm schließen

• Messen und notieren Sie nach jedem
  Parallelogramm die 4 Kantenlängen.

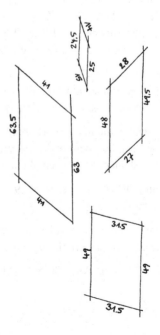

4 Augenmaß

Je häufiger man die Dinge sieht, die man beim Konstruieren verwendet, desto sicherer wird das Gefühl für deren absolute Maße. Dabei hilft es, daß man mit zunehmender Erfahrung auch Abmessungen auswendig weiß. (Natürlich mit einem Restrisiko: Lieber nachmessen, wenn es darauf ankommt.) Das gilt für alle Halbzeuge, Schrauben, Bleche, Spalte, Flanschdurchmesser, Schränke, Türen, usw.

Manchmal muß man sich über räumliche Verträglichkeit von Maschinenelementen Gewißheit verschaffen: Schrauben auf einem Umfang verteilen, Restquerschnitt nach einer Bohrung, Montierbarkeit eines Teiles, Layout von Bedienungsflächen, Aufteilung von Fertigungsfläche usw.

Dann ist es sinnvoll, die Situation maßstäblich, d.h. mit genauen Maßen zu zeichnen. Wenn man ein Lineal mit mm-Teilung zur Verfügung hat, kann man es auch benutzen – vielleicht anfangs und nur für Haupt- und Anschlußmaße. Man darf aber nicht der Versuchung erliegen, jede Kleinigkeit genau abzumessen – es kostet zuviel Zeit. Lieber kein Lineal benutzen, denn man kann erstens ein Gefühl für Abmessungen trainieren und zweitens Maße aus vorhandenen Dingen ableiten.

4.1 Abmessungen schätzen

Man kann das Gefühl für Maße (das "absolute Gehör" des Konstrukteurs) trainieren, was aber auch bedeutet, daß es an stete Übung gebunden ist. Situation und Betrachtungsabstand spielen eine Rolle: Während sich auf einer Baustelle eher Meter-Beträge schätzen lassen, sind es am Schreibtisch eher Millimeter-Beträge.

Für das Freihandzeichnen lassen sich 1, 2, 3, 4, 5, 6, 8, 10, 12 ... 30 mm noch ausreichend genau schätzen. Man sollte aber nicht versuchen, z.B. 60 mm aus 5 x 12 mm zu konstruieren: Dann multiplizieren sich die Schätzfehler.

Abmessungen, die über ca. 40 mm hinausgehen, lassen sich nicht mehr sicher schätzen und vor allem nicht mehr aus dem Gefühl erzeugen. Dann muß man Abmessungen aus vorhandenen Dingen ableiten.

- 400 mm: DIN A3-Papier mißt 297 x 420 mm; 20 mm lassen sich schätzen, und man erhält 400 mm.

- 200 und 300 mm: DIN A4-Papier mißt 210 x 297 mm; 10 und 3 mm lassen sich schätzen, und man erhält 200 bzw. 300 mm.

- 100 und 150 mm: Aus 200 oder 300 mm durch Falten/Knicken ableiten.

Damit eine Skizze maßlich in sich stimmt, beginnt man am besten mit einer maßstäblichen "box", an deren Kanten man die kleineren Maße durch Halbieren, Dritteln, Fünfteln ermittelt.

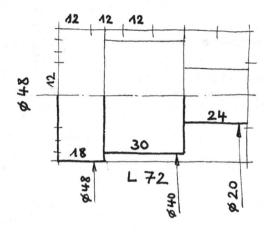

Bild 4.1 proportioniertes Teil durch "boxen"

Wenn man Abmessungen gut schätzen kann, kann man sich aufwendige und ungenaue Teilungsoperationen (1/7, 1/10, 1/20) ersparen, indem man die zu teilende Strecke schätzt, *kopfrechnet* und die errechnete Länge zeichnet

Es ist leichter, die Länge einer vorgegebenen Strecke zu schätzen, als eine Strecke mit vorgegebener Länge zu zeichnen.

Die folgenden Übungsaufgaben haben eher einen sportlichen Wert, da man mit ihnen keine bleibenden Fähigkeiten erwirbt. Allerdings lernt man aus Fehlschätzungen wieder sehr schnell. Der jedesmal neu umgeknickte Papierstreifen soll erreichen, daß man wirklich wieder neu schätzt, ohne den Vergleich mit der vorigen Strecke zu haben.

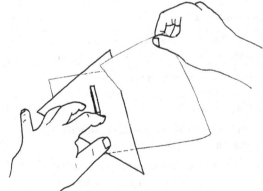

Bild 4.2 Kleinere Papierformate schneidet man nicht, sondern man reißt sie unter dem Geodreieck oder der Schreibunterlage ab.

Übungsaufgabe 4.1:

- Zeichnen Sie auf einem Papierstreifen an der oberen Kante eine Strecke mit einer Länge zwischen 2 und 50 mm.
- Schätzen Sie die Länge und vergleichen Sie den Schätzwert mit dem nachgemessenen Wert (in Klammern). Notieren Sie beide Werte.
- Knicken Sie den Versuch nach hinten um und wiederholen Sie den Versuch mit einer anderen Streckenlänge.

31
(32)

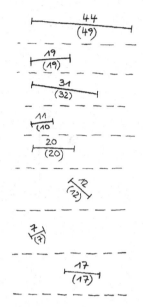

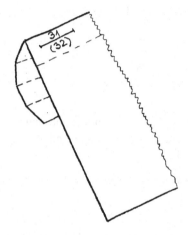

Bild 4.3 Papierstreifen zum Üben

44
(49)
19
(19)
31
(32)
11
(10
20
(20)
12
(12)
7
(7)
17
(17)

Bild 4.4 Abmessungen schätzen

Übungsaufgabe 4.2:

- Schreiben Sie auf einem Papierstreifen links das Sollmaß hin – 1, 2, 3, 4, 5, 6, 8, 10 und 12 mm.
- Zeichnen Sie an der oberen Kante zwei kurze Striche in dem jeweils vorgegebenen Abstand. Sorgfältig schätzen!
- Messen Sie den wirklichen Abstand sofort nach und notieren sie ihn (in Klammern).
- Knicken Sie den Versuch nach hinten um und wiederholen Sie den Versuch mit einem anderen Abstand.

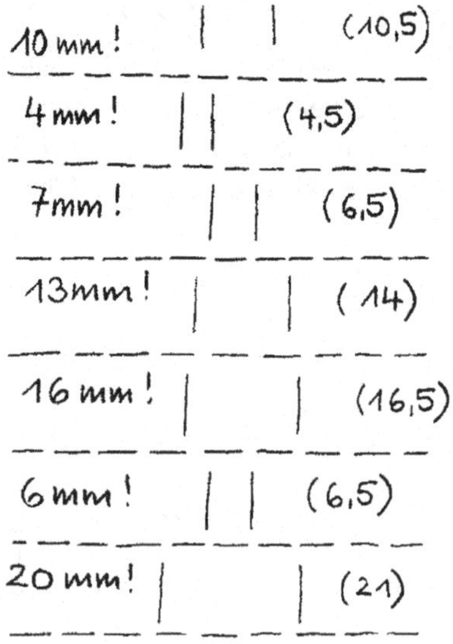

10 mm! (10,5)
4 mm! (4,5)
7mm! (6,5)
13mm! (14)
16 mm! (16,5)
6 mm! (6,5)
20 mm! (21)

Bild 4.5. Abmessungen erzeugen

Übungsaufgabe 4.3: Quadrate mit dem Füller

- Zeichnen Sie auf einem 100mm breiten Papierstreifen oben ein Quadrat mit geschätztem a=10. Sie müssen *senkrecht* auf das Papier schauen, damit es ein Quadrat werden kann.

- Messen Sie die beiden Kanten sofort nach und schreiben Sie beide Werte an die Kanten.

- Knicken Sie den Versuch nach hinten um und wiederholen Sie den Versuch mit einer anderen Kantenlänge. Werte springen lassen: z.B. 10 - 6 - 15 - 8 - 20 - 4 - 32mm

- Auf einem ganzen Blatt einmal Quadrate mit 40 - 60 - 30 - 70mm probieren. Nachmessen und Maße dranschreiben.

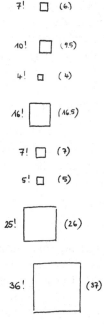

Bild 4.6 Quadrate

Übungsaufgabe 4.4: Kreise mit dem Füller

- Zeichnen Sie auf einem 100mm breiten Papierstreifen oben einen Kreis mit geschätztem ⌀=10. Sie müssen wieder *senkrecht* auf das Papier schauen, damit es ein Kreis werden kann.

- Messen Sie die den größten und kleinsten (hoffentlich nicht...) Durchmesser sofort nach und schreiben Sie beide Werte daneben.

- Knicken Sie den Versuch nach hinten um und wiederholen Sie den Versuch mit einem anderen Durchmesser. Werte springen lassen: z.B. 10 - 6 - 15 - 8 - 12 - 4 - 16 - 3 - 5mm

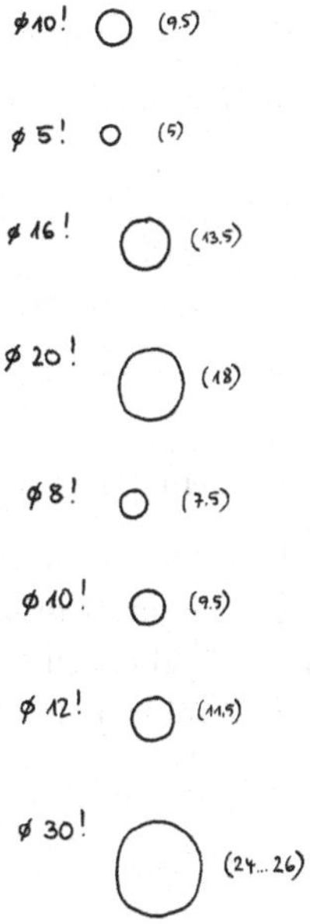

Weitere nützliche Übungen sind, **Sechskante** mit vorgegebener Schlüsselweite und **Schrauben** mit vorgegebenen Abmessungen (mit der Zeit weiß man sie auswendig) zu zeichnen.
Nachmessen und alle Maße danebenschreiben.

Bild 4.7 Kreise

Proportionen. In den meisten Fällen kommt es nicht auf genaue Maße an, sondern auf die Proportionen des gezeichneten Teils. Mit der Bemaßung ist dann alles eindeutig und überprüfbar. Wenn man proportioniert zeichnet, ist man frei von festen Maßstäben: Man kann das Ding so groß zeichnen, daß man genügend Platz bleibt für Kommentare und eine nicht gequetschte Bemaßung. Das Teilen mit dem Augenmaß ist die Grundlage dafür, Proportionen zu erkennen.

4.2 Halbieren

Das Halbieren ist wie alle in der Folge behandelten Schätzoperation empfindlich für optische Täuschungen. Es ist deshalb unbedingt dafür zu sorgen, daß die zu halbierende Strecke an beiden Enden deutlich und gleichartig markiert ist - nicht wie das bekannte Beispiel:

Die Umgebung sollte ausgeglichen sein: Die Symmetrie der Schwärzung, die Symmetrie des "Gewichts" der Nachbarformen. Stift und Zeichenhand stören unter Umständen (Beleuchtung, Schlagschatten) auch. Je weniger ideal die Umstände sind, desto eher muß man mit Schätzfehlern rechnen. Besonders fehlerträchtig ist übrigens das Halbieren der Seiten von Parallelogrammen:

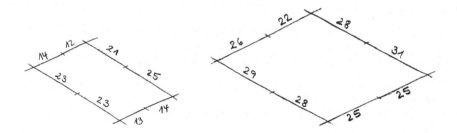

Bild 4.8 Halbierung der Seiten von Parallelogrammen

(Die Hälften an den spitzen Winkeln werden zu lang. Das Halbieren von Parallelogrammen kommt beim perspektivischen Zeichnen so häufig vor, daß man sich mit dieser Unzulänglichkeit nicht zufrieden geben kann. In Abschn. 10.3 finden Sie eine Lösung des Problems.)

Unter bestimmten Betrachtungswinkeln gibt
es eine gewisse Unsicherheit darüber, ob eine
Strecke direkt oder über die Halbierung des
Blickwinkels halbiert wird. Beides führt zu
unterschiedlichen Ergebnissen.

Um diesen Konflikt zu vermeiden, sollte die zu halbierende Strecke immer
quer ("horizontal") vor dem Betrachter
liegen.

Wenn man Maße in x und y *gleichzeitig*
schätzen möchte, muß man *senkrecht*
auf das Papier schauen.

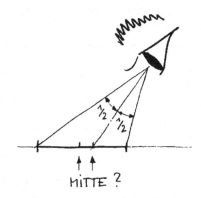

Bild 4.9 Nicht schräg auf eine Strecke
sehen, die halbiert werden soll

Eine gute Methode zur Herstellung von Symmetrie ist, aus der zu halbierenden Strecke und dem Zeichenstift ein "T" zu bilden. Es gibt mehrere Ansätze, um die Täu-
schung durch Unsymmetrie weiter zu mildern: Die Zeichenhand möglichst weit weg
bringen oder sie symmetrisch halten oder sie mit der anderen symmetrisch ergänzen.

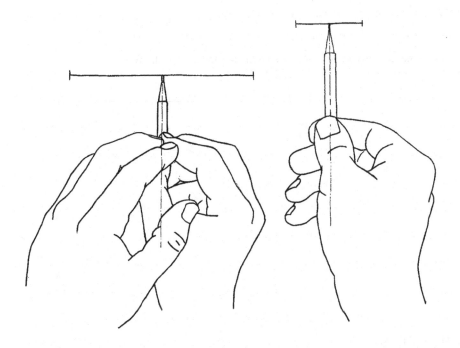

Bild 4.10 Symmetrie mit Hand und Stift herstellen

Bei langen Strecken und in den Fällen, wo es auf Genauigkeit ankommt, trägt man von beiden Enden der Strecke gleiche Beträge ab (s. Abschn. 4.3 "Verdoppeln") und halbiert dann mit Augenmaß den verbliebenen Rest:

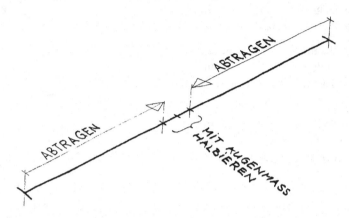

Bild 4.11 Lange Strecken halbieren

Übungsaufgabe 4.5:

• Zeichnen Sie unregelmäßig verteilte Strecken mit einer Länge von 80 - 180 mm.

• Halbieren Sie die Strecken nach Augenmaß.

• Die zu halbierende Strecke sollte quer ("horizontal") vor Ihnen liegen.

• Messen Sie jedesmal die beiden Hälften nach und notieren Sie die Werte.

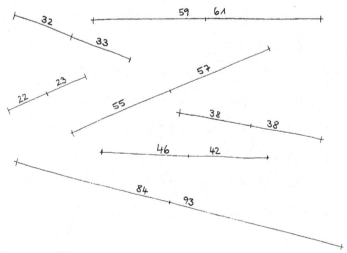

Bild 4.12 Strecken halbieren

4.3   Verdoppeln

Das Verdoppeln ist dem Halbieren sehr ähnlich, weil man beim Schätzen wieder
zwei Hälften vergleicht. Es gibt allerdings Situationen, in denen die Genauigkeit des
Verdoppelns kritisch ist. (Beim Vervielfachen akkumulieren sich die Schätzfehler.)

Man nimmt den Stift zum Abgreifen einer Strecke. Den Stift parallel zur Strecke legen, und zwar so, daß die Spitze über der linken Begrenzung der Strecke liegt. Mit
der rechten Hand greifen und an die Stelle transportieren, an der das Maß benötigt
wird. Mit dem linken Daumennagel auf dem Papier markieren.

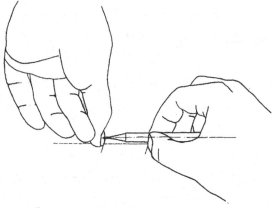

Bild 4.13 Abgreifen und Übertragen von Strecken

Wenn man 2 Stifte hat, kann man die chop-stick-Methode nehmen – nicht nur zum
Verdoppeln, sondern auch zum Vervielfältigen. Die Stifte müssen stabil in der Hand
eingeklemmt sein.

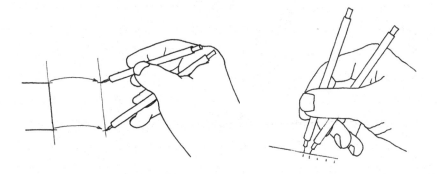

Bild 4.14 chop-sticks: Maße übertragen, Maße vervielfältigen (Skalen...)

Übungsaufgabe 4.6:

• Zeichnen Sie Strecken mit einer Länge von 30 bis 80 mm, und zwar so, daß noch genügend Platz zum Verdoppeln bleibt.

• Verlängern Sie zunächst die Strecke nach einer Seite hin. Damit die Verlängerung fluchtet, muß die Strecke auf Ihre Nase zeigen (das Papier drehen).

• Markieren Sie die doppelte Länge nach Augenmaß. Die zu verdoppelnde Strecke sollte *jetzt* quer ("horizontal") vor Ihnen liegen (das Papier drehen).

• Messen Sie die beiden Hälften nach und notieren Sie die Werte.

• Was ist einfacher bzw. genauer, Halbieren oder Verdoppeln?

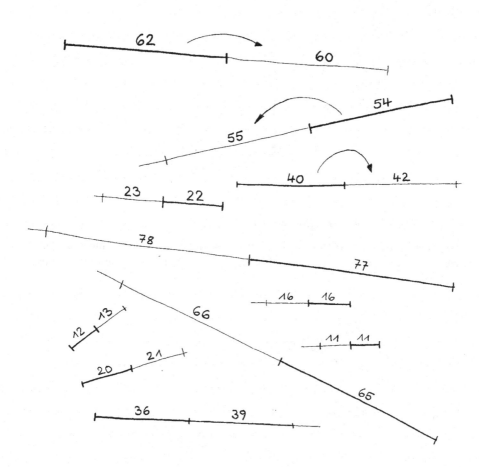

Bild 4.15 Strecken mit Augenmaß verdoppeln

4.4   Dritteln

Dritteln ist schwieriger als Halbieren und Verdoppeln, besonders, wenn die Strecken größer als ca. 30 mm werden.

1. Die zu drittelnde Strecke sollte quer vor dem Zeichner liegen.

2. Der Zeichenstift sollte weit aus der Hand ragen, um nichts zu verdecken und um nicht abzulenken.

3. Man zeigt mit der Spitze auf einen Punkt, bei dem man das Drittel vermutet und fragt sich dann, ob dieses Drittel 2x in die längere Strecke hineinpaßt. Wenn ja, markiert man diesen Punkt.

4. Die längere Strecke mit einem Punkt halbieren; und die Drittel miteinander vergleichen – das linke Drittel mit dem mittleren und das mittlere mit dem rechten – als ob man die Genauigkeit einer Halbierung beurteilen würde.

5. Sieht die Drittelung nicht zufriedenstellend aus, setzt man die endgültigen Striche korrigierend daneben.

Übungsaufgabe 4.7:

• Zeichnen Sie Strecken mit einer Länge von 60 bis 180 mm

• Die Strecken sollen leicht gegeneinander geneigt sein.

• Dritteln Sie die Seiten mit dem beschriebenen Verfahren.

• Messen Sie die Drittel nach und notieren Sie die Werte.

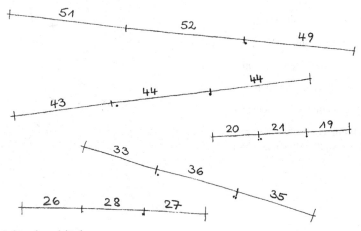

Bild 4.16 Strecken dritteln

Übungsaufgabe 4.6:

• Zeichnen Sie Quadrate mit einer Kantenlänge von 30 bis 60 mm.

• Die Quadrate sollen leicht gegeneinander geneigt sein.

• Achten Sie auf die Quadratform.

• Dritteln Sie mit dünnen Punkten die Seiten.

• Teilen Sie nun das Quadrat in 9 kleine Quadrate auf.

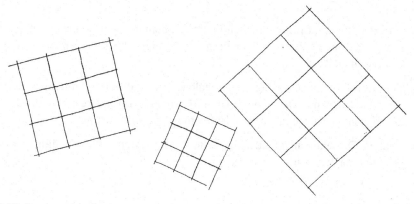

Bild 4.17 Quadrate dritteln

Übungsaufgabe 4.7:

• Zeichnen Sie Quadrate mit einer Kantenlänge von 50 bis 80 mm.

• Die Quadrate sollen leicht gegeneinander geneigt sein.

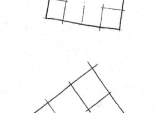

• Achten Sie auf die Quadratform.

• Halbieren Sie mit dünnen Punkten die Seiten.

• Zeichnen Sie zwei Mittelpunktlinien ein.

• Halbieren Sie die halben Seiten noch einmal.

• Zeichnen Sie in die Ecken kleine Quadrate ein.

• Die Linien immer an den Markierungen starten – nicht auf die Markierungen zufahren.

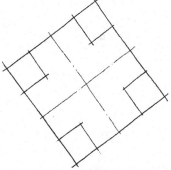

Bild 4.18 Quadrate vierteln

4.5 Fünfteln

Fünfteln braucht man häufig. Man muß ein Gefühl für 40% haben. Man teilt die Strecke mit ganz dünnen Punkten oberhalb der Strecke in Viertel, schätzt von einem Viertel 40% und bildet damit das mittlere Fünftel. Die Reststrecken werden halbiert.

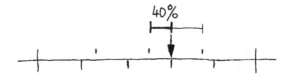

Bild 4.19 Kurze Strecken fünfteln

Wenn man für lange Strecken noch keine Übung hat, ist das Ergebnis unbefriedigend. Dafür gibt es die Zwanzigstel-Methode:

1. Die zu fünftelnde Strecke sollte quer vor dem Zeichner liegen.

2. Der Zeichenstift sollte weit aus der Hand ragen, um nichts zu verdecken oder um nicht abzulenken.

3. Die Strecke wird durch zweimaliges Halbieren (oberhalb) geviertelt.

4. Ein an der Mitte liegendes Viertel (jetzt ist es ja klein genug) wird nach Gefühl gefünftelt – ergibt Zwanzigstel.

5. Je zwei dieser Zwanzigstel werden nach rechts und links vom Mittelpunkt abgetragen und bilden das mittlere Fünftel.

6. Die beiden äußeren Viertel werden um 1/20 gekürzt. Man kann auch die Reststrecken (es sind 8/20) halbieren.

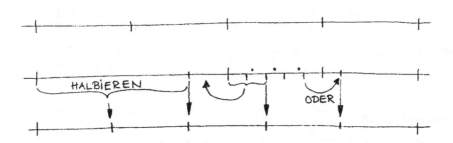

Bild 4.20 Lange Strecken fünfteln

Übungsaufgabe 4.8:

• Zeichnen Sie Strecken mit einer Länge von ca. 15 bis 40 mm.

• Die Strecken sollen leicht gegeneinander geneigt sein.

• Fünfteln Sie die Strecken mit Augenmaß.

• Messen Sie bei den längeren Strecken die Fünftel nach und notieren Sie die Werte.

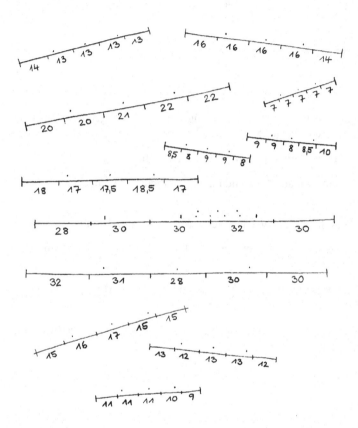

Bild 4.21 Strecken fünfteln: Übungsergebnisse

Übungsaufgabe 4.9:

• Zeichnen Sie Strecken mit einer Länge von ca. 60 bis 180 mm.

• Die Strecken sollen leicht gegeneinander geneigt sein.

• Fünfteln Sie die Seiten mit dem Zwanzigstel-Verfahren.

• Messen Sie die Fünftel nach und notieren Sie die Werte.

4.6 Winkel konstruieren

Es gibt in der Technik einige bevorzugte Winkel. Sie lassen sich so schnell konstruieren, daß es sich nicht lohnt, sie zu schätzen.

15°:

1. Durch mehrfaches Halbieren 1/16 konstruieren

2. Bei 15/16 Senkrechte mit Länge 1/4 errichten

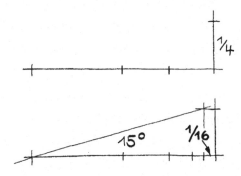

Bild 4.22 Konstruktion von 15°

22,5°:

1. Durch mehrfaches Halbieren 1/4 konstruieren

2. Am Ende der Strecke Senkrechte mit Länge 2/4 errichten

3. Oberes Viertel dritteln

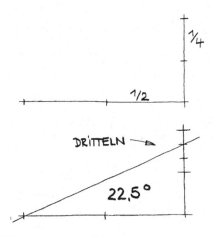

Bild 4.23 Konstruktion von 22,5°

30°:

1. Durch mehrfaches Halbieren 1/8 konstruieren

2. Bei 7/8 Senkrechte mit Länge 1/2 errichten.

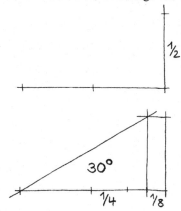

Bild 4.24 Konstruktion von 30° mit sin 30° = 0,5 und cos 30°≈7/8

Die Konstruktionen der Winkel **10, 20 und 40°** sind miteinander verwandt.

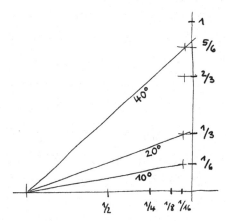

Bild 4.25 Konstruktion von 10, 20 und 40°

Übungsaufgabe 4.10:

• Konstruieren Sie (evtl. 10:1 vergrößert) die Konturen folgender Formen:
• gleichseitiges Dreieck
• Gewindeprofil, schematisch, ohne Radien
• Zentrierbohrungen Form A (normal) und B (mit Schutzsenkung)
• Spitze Spiralbohrer
• Senkkopf
• Maßpfeil, Oberflächenzeichen, Kantenzustand

4.7   Winkel teilen

Durch die gegeneinander geneigten Geraden und Unsymmetrie besteht die Gefahr optischer Täuschungen.

1. Gleichlange Strecken auf den Schenkeln des Winkels markieren, indem man eine Strecke willkürlich festlegt und dann diese Strecke in Gedanken um den Winkelscheitel auf den anderen Schenkel klappt.

2. Bogen (Sehne nur bei kleinen Winkeln) zur Herstellung von Symmetrie sehr dünn zeichnen.

3. Papier so drehen, daß der Winkel symmetrisch vor einem liegt.

4. Halbieren: Mitte des Bogens markieren und Winkelhalbierende vom Scheitel ausziehen. (Papier drehen)

5. Dritteln: Drittel dünn markieren, vergleichen, evtl. Markierungen radieren und wiederholen, Winkeldrittelnde vom Scheitel ausziehen. (Papier drehen)

6. Bei Winkeln über 180° den Komplementärwinkel bearbeiten.

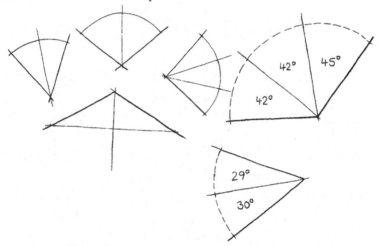

Bild 4.26 Winkel teilen

Übungsaufgabe 4.11:

• Zeichnen Sie Winkel mit einer Schenkellänge von ca. 50 mm.

• Variieren Sie die Lage der Winkel (nach unten, oben, seitwärts geöffnet)

• Zeichnen Sie spitze und stumpfe Winkel (auch über 180°).

• Halbieren oder dritteln Sie die Winkel.

4.8 Kreisumfang durch 5, 7 und 9 teilen

Zum Zeichnen von Kreisen benutzt man das einhüllende Quadrat als Zeichengerüst. Es bietet sich also an, Kreisteilungen nicht auf dem Kreis, sondern auf dem einhüllenden Quadrat vorzunehmen. Das hat den Vorteil, daß die entsprechenden Techniken dann auch in der Perspektive zur Verfügung stehen – wo Winkelmesser nicht weiterhelfen. (s. a. S.191)

Mit den bereits vorgestellten Winkelkonstruktionen lassen sich bestimmte geradzahlige Teilungen (Sechseck, Achteck, Zwölfeck) gut bewältigen.

Für die ungeradzahligen Teilungen verwendet man am besten die folgenden Rezepte. Solange man (unverzerrt) in der Ebene arbeitet, läßt sich die Konstruktion über das Verdoppeln oder Halbieren von Winkeln beschleunigen. Das Prinzip besteht immer darin, durch einfach durchzuführende Teilungen auf den Seiten des einhüllenden Vierecks Punkte zu gewinnen, durch die man die Strahlen ziehen kann, die den Kreisumfang gleichmäßig teilen. Zeichnet man den Kreis mit ein, erhält man die Eckpunkte des Fünfecks, des Siebenecks und des Neunecks.

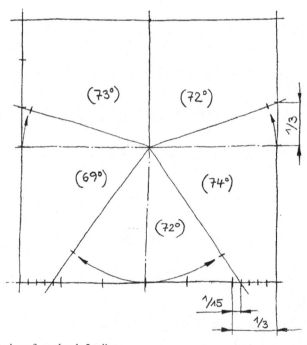

Bild 4.27 Kreisumfang durch 5 teilen

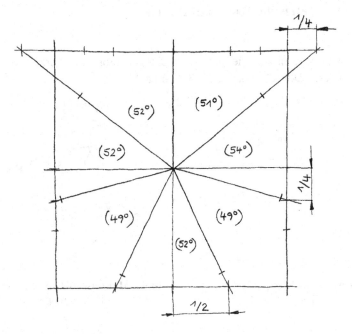

Bild 4.28 Kreisumfang durch 7 teilen

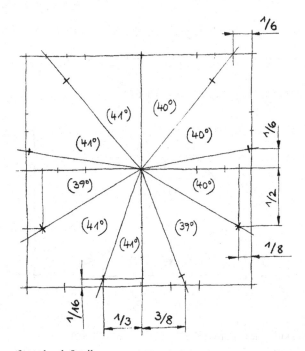

Bild 4.29 Kreisumfang durch 9 teilen

4.9   Trigonometrische Konstruktionen

Es ist manchmal notwendig, eine Strecke um einem Faktor zu verkürzen oder zu verlängern. Diese Faktoren sind: √2/2, √3/2 und π/2.

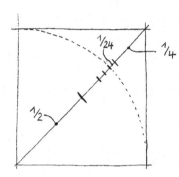

Bild 4.30 Zusätzlicher Kreispunkt
(√2/2 = 0,707...)

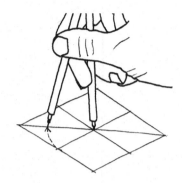

Bild 4.31 Kreispunkt konstruieren
mit chop-stick-Zirkel

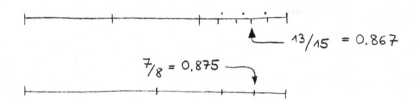

Bild 4.32 2 Näherungen für cos 30° (√3/3 = 0,866...)

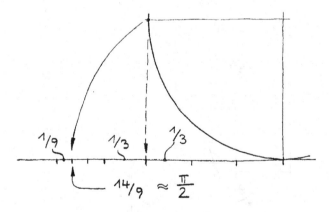

Bild 4.33 Abwicklung des (viertel) Kreisumfanges (π/2 = 1,570...);
noch einfacher: Radius verdoppeln und dann 40% abziehen (= 1,6)

5 Bogen und Kreise

Die Technik bevorzugt die Rotation. Entweder sind die Teile selbst rotationssymmetrisch oder sie werden von rotierenden oder rotationssymmetrischen Werkzeugen erzeugt. Man kommt nicht um das schwierige Zeichnen von Kreisen herum. Wenn man das Zeichnen von Kreisen fürchtet, ist man beim Konstruieren behindert.

Ingenieure bezeichnen Kreisbogen meistens als Radien, obwohl der Radius nur eine Eigenschaft des Bogens ist. Bogen sind einfach zu zeichnen, wenn sie entweder einen großen Radius haben oder kurz sind. Die Bogen können aus dem gesamten Arm, dem Unterarm oder aus der Hand kommen. Der genaue Wert des Radius spielt meistens keine Rolle. Kleine "Radien" haben oft nur symbolischen Charakter.
Da Bogen schwierig einzuschmiegen sind (man muß sich gleichzeitig auf die Form und die Lage konzentrieren), sollte man die Bogen immer zuerst zeichnen und erst dann die Tangenten daranlegen.

Beim Zeichnen eines Bogens sollte man die Kinematik des Armes bzw. der Hand berücksichtigen und das Papier so drehen, daß der Mittelpunkt des zu zeichnenden Bogens etwa unter dem benutzten Gelenk zu liegen kommt. Bei kleinen Kreisen kommt die Bewegung allein aus den Fingern. Je beweglicher die Finger sind, desto kreisförmiger sind die Linien.

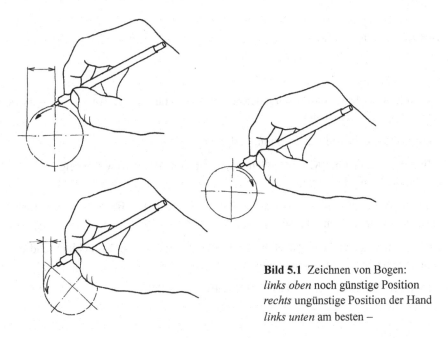

Bild 5.1 Zeichnen von Bogen:
links oben noch günstige Position
rechts ungünstige Position der Hand
links unten am besten –

5.1 Kreisdurchmesser 50 bis 200 mm

Wenn man einen großen genauen Kreis braucht, kann man einen richtigen Zirkel
nehmen oder den Chinesischen Zirkel:

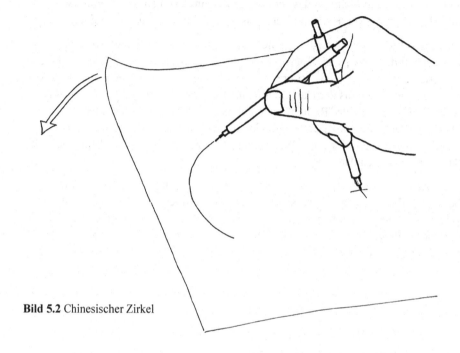

Bild 5.2 Chinesischer Zirkel

1. Ausreichend Platz schaffen auf einer glatten Zeichenunterlage. An zwei Ecken des
   Papiers Eselsohren biegen.

2. Kreismittelpunkt und Radius dünn markieren.

3. Zwei Stifte (einer mit Mine draußen, einer mit Mine drinnen) wie gezeigt zwischen die Finger klemmen.

4. Die Klemmung hängt vom Radius ab. Es ist gut, wenn die oberen Teile der Stifte
   gegeneinander geklemmt sind.

5. Zirkel aufsetzen und das Papier an den Eselsohren unter dem Zirkel hindurchdre-
   hen. Nach einer halben Umdrehung umgreifen.

6. Mit dieser Methode gelingen auch konzentrische Kreise gut.

Bei kleineren Kreisen müssen die Stifte
anders angefaßt und anders geklemmt werden.

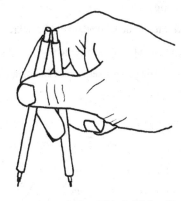

Bild 5.3 Chinesischer Zirkel: Kleine Kreise

Manchmal hat man keinen 2. Stift für den Chinesischen Zirkel. Dann empfiehlt sich
als Ausweg der Hand-Zirkel. Man benutzt einen Fingernagel als Zirkelspitze und
schafft in der Hand eine möglichst starre Verbindung zum Zeichenstift (verschiedene
Stifthaltungen ausprobieren). Methode wie oben, aber:

1. Den Daumennagel richtig aufsetzen, weil das Papier sich nicht um einen kleinen
   Punkt dreht, sondern um eine Kreisfläche von ca. 2 mm Durchmesser).

2. Durch Verschieben des Stiftes Radius einstellen. Handmuskulatur anspannen.

3. Stift leicht aufdrücken – weniger als den Daumennagel.

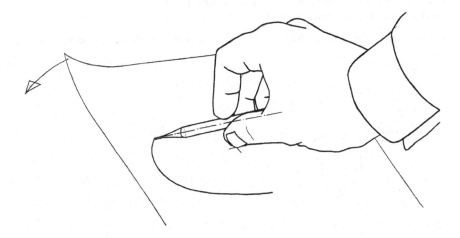

Bild 5.4 Hand-Zirkel

Übungsaufgabe 5.1:

Zeichnen Sie mit dem Handzirkel Viertelkreise (r = 25 bis 100 mm) in ein Achsenkreuz.

• Messen und notieren Sie die sich ergebenden Achsenabschnitte

• Versuchen Sie das Aufsetzen des Daumennagels so zu korrigieren, daß sich gleiche Achsenabschnitte ergeben.

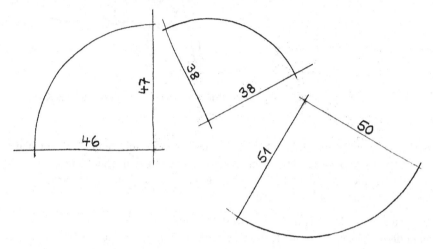

Bild 5.5 Viertelkreise mit dem Handzirkel

Übungsaufgabe 5.2:

• Zeichnen Sie um ein kleines Kreuz zwei konzentrische Kreise.
  Differenz der Radien etwa 8 bis 15 mm.

• Messen und notieren Sie die breiteste und schmalste Stelle zwischen den Kreise.

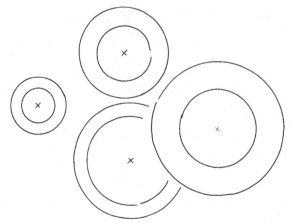

Bild 5.6 Konzentrische Kreise mit dem Chinesischen Zirkel und Füller

Freihändiger Kreis. Auch große Kreise lassen sich frei zeichnen. Das Gelingen läßt sich allerdings schlecht vorhersagen, so daß der Kreis als erstes gezeichnet werden sollte. Wenn er mißlingt, kann man das Papier gleich wegwerfen. Die so gezeichneten Kreise machen einen befriedigenden Eindruck – trotz beträchtlicher objektiver Unrundheit. Sie eignen sich nicht als Gerüst für Details.

1. Stifthaltung wie bei den langen Geraden. Handkante und Kleiner Finger wirken als Reibungsdämpfer.

2. Möglichst senkrecht auf den Kreis sehen (Verzerrungen vermeiden)

3. Erst einmal ganz, ganz dünn oder strichweise probieren: Oben ansetzen, gegen den Uhrzeigersinn zügig durchziehen.

4. Dann den Kreis dünn und deutlich in einer Bewegung darüber zeichnen.

5. Mittelpunkt *nachträglich* eintragen.

6. Wenn man sich getraut: Dann klappt es.

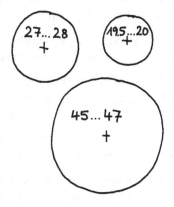

Bild 5.7 Freihändiger Kreis mit Füller

Übungsaufgabe 5.3:

• Zeichnen Sie freihändige Kreise mit einem bestimmten Durchmesser. (30 - 40 - 60 - 80 mm)

• Markieren Sie Mittelpunkt und Durchmesser ganz dünn und probieren Sie die Kreisform.

• Kreis durchziehen und Kreuz in die Mitte

• Messen und notieren Sie den größten und kleinsten Durchmesser.

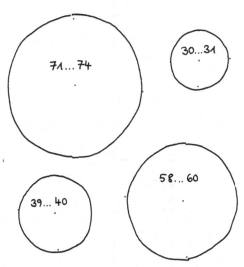

Bild 5.8 Übung freihändige Kreise

5.2   Kreisdurchmesser unter 50 mm

Quadratmethode. Bei kleineren Kreisen hat sich das einhüllende Quadrat zum
Üben bewährt. Es läßt sich später sinngemäß auch bei Ellipsen anwenden (S.153)

1. Durch zwei Mittellinien den Kreismittelpunkt festlegen. Auf den Mittellinien den gewünschten Radius markieren – erst in X-Richtung, dann in Y-Richtung.

2. Durch die Markierungen ein Quadrat zeichnen - sehr dünn; Parallelen immer paarweise zeichnen; erst linke, dann rechte Kante; Papier drehen.

3. Das Papier immer so drehen, daß der Mittelpunkt des zu ziehenden Bogens unter die
Hand zu liegen kommt. In jedem Quadranten einen dünnen Bogen ziehen. Auf die
Tangentenbedingung am Anfang und Ende des Bogens achten.

4. Den Kreis nach Bedarf breit und schwarz auszichen. Bögen um 45° versetzt beginnen, um nicht eingehaltene Tangentenbedingungen zu "heilen".

Die Quadratmethode liefert gute Ergebnisse, ist aber umständlich. Bei konzentrischen
Kreisen zeichnet man den äußeren mit der Quadratmethode und den inneren danach mit
konstantem Abstand zum äußeren.

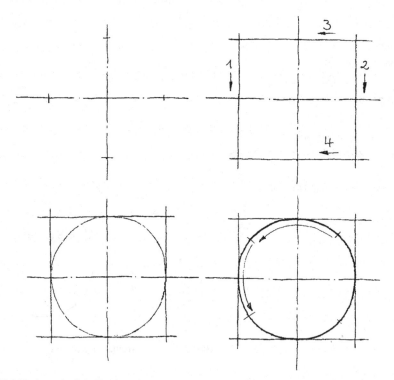

Bild 5.9 Kreise mit einhüllendem Quadrat

Ganz **kleine Kreise** haben nur Symbolcharakter ("... aha, ein Kreis...") und sind nur eine ästhetische Herausforderung. Sie werden um den gedachten Mittelpunkt in der gewünschten Breite und Schwärze frei gezeichnet.Die Handwurzel liegt dabei fest auf, die Kreisbewegung des etwas kürzer gefaßten Stiftes (Schreibhaltung, S. 30) kommt aus den Fingern. Die großzügig überragenden dünnen Mittellinien werden erst anschließend eingezeichnet.

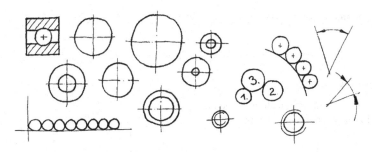

Bild 5.10 Freihändige kleine Kreise

Schleifenlinien. Sie haben auf den ersten Blick nicht viel mit Kreisen zu tun. Sie sind sehr anschaulich, aber wegen des CAD zu Unrecht aus der Mode gekommen. Sie dienen als Bruchlinie für abgebrochene Drehteile, die nur in einer Ansicht darge- stellt werden sollen, und haben die gleiche Symbolik wie ein Kreis. Man sollte sie wegen ihrer plastischen Wirkung der einfachen Bruchlinie vorziehen.

1. Schleifenlinien münden tangential in die Mantellinien

2. Die Bruchfläche ragt über die Mittellinie hinaus.

3. Die Bruchflächen der "Bruchstücke" liegen sich diagonal gegenüber.

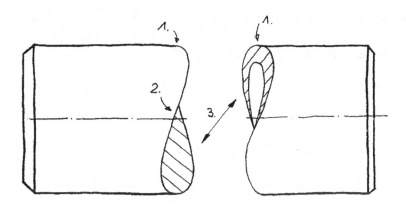

Bild 5.11 Schleifenlinien: *links* Rundmaterial, *rechts* Rohr

Übungsaufgabe 5.4:

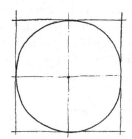

- Zeichnen Sie mit der Quadratmethode Kreise mit Durchmessern von 30 bis 50 mm.

- Nehmen Sie immer an, daß der Kreis um einen bestimmten Punkt gezogen werden muß.

- Kreise breit und schwarz ausziehen.

Übungsaufgabe 5.5:

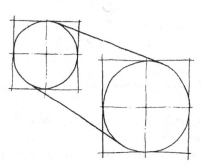

- Zeichnen Sie auf mit der Quadratmethode immer zwei zusammengehörige Kreise verschiedenen Durchmessers.

- Legen Sie an beide Kreise Tangenten. Die Kreise dürfen nicht vom Stift verdeckt werden. Das Papier so drehen, daß die Tangente auf die Nase zeigt.

- Ziehen Sie die Linien so aus, daß sich ein "Riementrieb" ergibt.

Übungsaufgabe 5.6:

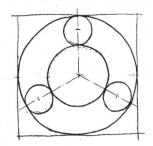

- Zeichnen Sie mit der Quadratmethode Kreise mit einem Durchmesser von 50 mm.

- Zeichnen Sie einen kleineren konzentrischen Kreis.

- Markieren Sie 3 Sektoren zu je 120° mit Mittellinien.

- Zeichnen Sie 3 Kreise nach Art eines Planetengetriebes ein.

6 Modellieren

6.1 Proportionen schätzen

Alle Formelemente eines technischen Gebildes stehen (über Ihre Abmessungen) in einem festen Größenverhältnis zueinander. Weil man man beim Freihandzeichnen die Zeichnung nicht über Maße und einen Maßstab aufbaut, muß man in der Lage sein, geeignete Proportionen im Gebilde zu erkennen und deren Wert zu bestimmen. Für später: Proportionen ändern sich durch die Verzerrung der Perspektive nicht.

Übungsaufgabe 6.1:

- Aus welchen Form-Elementen bestehen die folgenden technischen Formen? Suchen und markieren Sie die darin enthaltenen Proportionen.

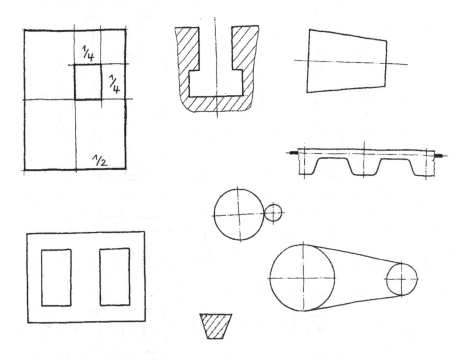

Bild 6.1 Proportionen von technischen Formen

Man kann das Arbeiten mit Proportionen nicht oft genug üben. Stoff liefert z.B. Kapitel 4.4 von Böttcher / Forberg: Suchen und markieren Sie die in den Körpern enthaltenen Proportionen.

Fast alle genormten Formen von Maschinenelementen sind innerhalb ihrer "Familie" geometrisch ähnlich. Zumindest gibt es eine stetige Veränderung der Proportionen mit der Abmessung. Freihandzeichnungen gewinnen an Realismus und an Gebrauchswert, wenn die gezeichneten Maschinenelemente in ihren Proportionen stimmen. (z.B. Schraubenköpfe).

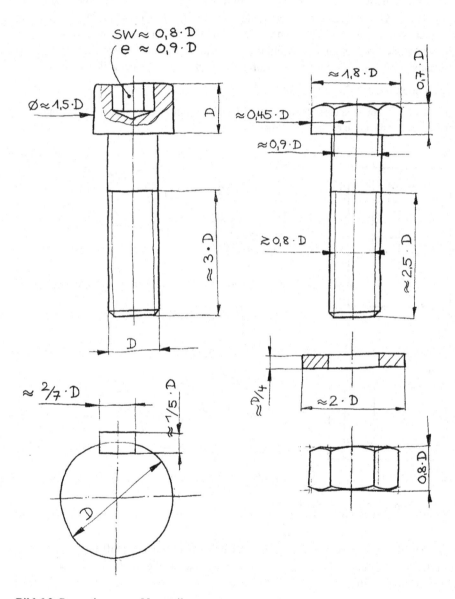

Bild 6.2 Proportionen von Normteilen

6.2   Formen modellieren

Viele technische Gebilde bestehen aus so viel einzelnen Formelementen, daß man sie nicht aus dem Stand heraus sofort zeichnen kann. Man braucht eine Strategie, mit der man eine Form schrittweise entwickelt. Dazu gibt es mehrere Methoden:

1. "Aus dem Vollen fräsen": Der zu erzeugende Körper wird in eine ihn einhüllende Grundform (Quader, Prisma, Zylinder, Kegel usw.) gedanklich eingebettet und dann durch Wegnehmen von Stoff (abtrennen, fräsen, schleifen, erodieren, stanzen usw.) schrittweise herausgearbeitet.

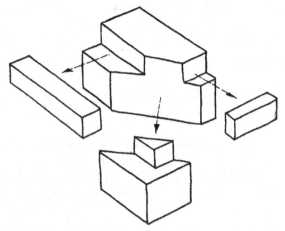

Bild 6.3. Aus dem Vollen gearbeitete Form

2. In einem Koordinatensystem anordnen und verbinden: Grundformen werden in einem Koordinatensystem angeordnet und miteinander verbunden. Die Verbindungen sind entweder wieder Grundformen oder ansonsten nicht weiter definierte Übergangsformen. (Hebel, Rohrleitungen, Stahlbaustrukturen)

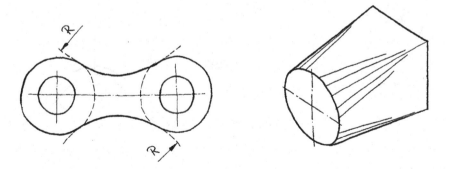

Bild 6.4 Zwei verbundene Formen: Kettenglied, Übergangsstück

3. Aneinanderreihen, stapeln, auffädeln: Grundformen (Quader, Prisma, Zylinder, Kegel usw.) werden aneinandergereiht und verbunden. Bei Schweißkonstruktionen werden z.B. Bleche und Profilabschnitte aneinandergesetzt. Bei Wellen beschränkt sich die Erzeugung der Form darauf, daß Objekte wie Lagersitze, Bunde, Ringnuten, Gewinde, Freistiche, Kegelstumpfe und Wellenstücke verschiedener Oberflächen-qualitäten auf die Achse "aufgefädelt" werden.

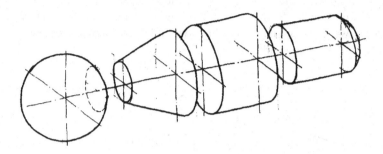

Bild 6.5 Aneinandergereihte Form: Kugelbolzen

4. Verformen: Manche Formen werden erzeugt, indem eine geometrisch definierte Ausgangsform elastisch oder plastisch verformt wird. Solche Formen sind schwer zu erfassen und zu zeichnen. Aber man weiß aus den Grundlagenfächern und der An-schauung, welche Form sich ergibt (Membranen, Seile, Segel, belastete Reifen usw.)

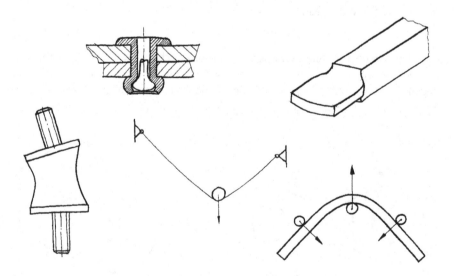

Bild 6.6 Formen, die durch die Art der Verformung erzeugt werden.

Einen Schiffsrumpf kann man nach Methode 1 und 2 beschreiben, ein Drehteil nach Methode 1 und 3, Biegeteile nach Methode 1 und 4, usw. Es ist eine Frage der Erfahrung und des Geschicks, jeweils die Methode zu finden, mit der sich eine Form am übersichtlichsten beschreiben, merken und erzeugen läßt.

Die Modellierung nach den vier vorgestellten Methoden ist die Voraussetzung dafür, ein Teil zu verstehen und es sich merken zu können. Anfänger versuchen, sich die Kontur einzuprägen und dann in der Art eines Rallye-Logbuchs abzufahren – das ist untechnisch und aussichtslos.

Beispiel für die Kombination von Modellierungs-Methoden: Hebel

1. Funktionsflächen an den gewünschten Orten anordnen. (Methode 2)

2. An Funktionsflächen "Fleisch" (3 Grundkörper) anbringen. (Methode 3)

3. Grundkörper mit Übergangsformen verbinden. (Methode 2)

4. Hebel verformen (Methode 4) und große Bohrung verstärken. (Methode3)

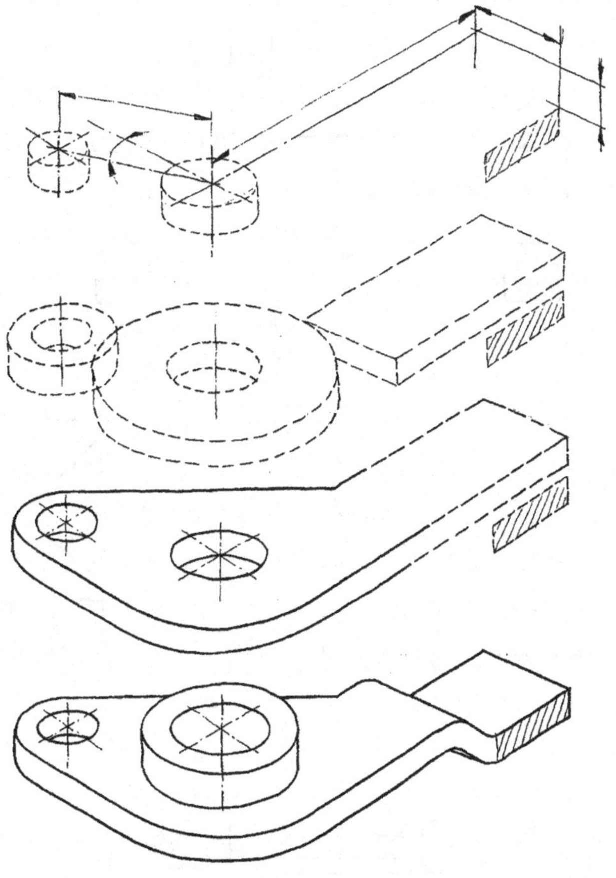

Bild 6.7 Kombination von Modellierungs-Methoden

Übungsaufgabe 6.2:

• Mit welcher Methode oder Kombination von Methoden lassen sich die in Bild 6.8 dargestellten Formen am leichtesten modellieren?

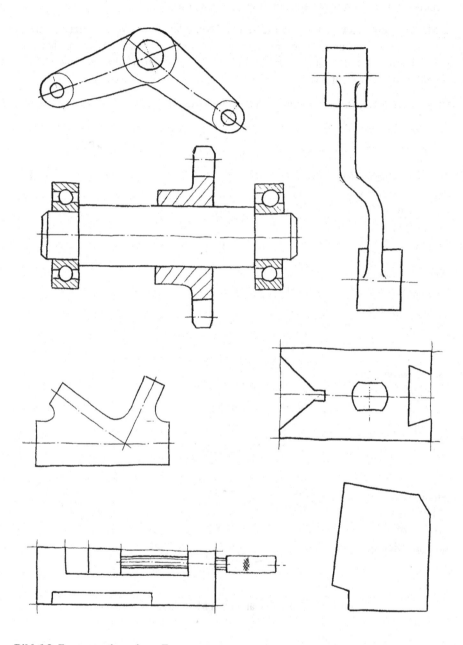

Bild 6.8 Erzeugung komplexer Formen

Viele formgestaltete Gegenstände, insbesondere die des täglichen Bedarfes – weniger *technische* Gegenstände – bieten erhebliche Schwierigkeiten beim Zeichnen, weil sie sich nicht ohne weiteres in die einfachen Grundformen Rechteck, Kreis, Trapez, Dreieck, Ellipse usw. zerlegen lassen.

Deshalb ist es sinnvoll, komplizierte oder unübersichtliche Formen in einfache geometrische Grundformen einzuhüllen. Bei flächigen Objekten bietet sich meistens ein Rechteck ("boxen") oder ein Kreis an. Bei räumlichen Objekten ist ein Quader, ein Zylinder, oder ein "spezialisiertes" Prisma angebracht.

Dann überlegt man sich, wie man die Kontur beschreiben kann: mit Tangente, Verlängerung, Parallele, Symmetrie, Maximum, Minimum, Inkreis, Umkreis, eingeschmiegter Kreis, Ellipse, Sinus, Straklatte. Symmetrie nutzen.

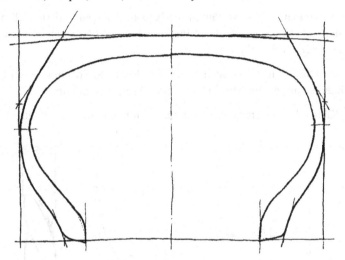

Bild 6.9 Modellierung eines Reifenquerschnittes

Die letzte Rettung ist ein Raster, welches man über die Form legt:

Die Lage der Schnittpunkte mit dem Raster läßt sich durch Abzählen (... liegt auf der 5. Rasterlinie...) und Schätzen (... schneidet von der Kante des 2. Kästchens 1/2 ab ...) feststellen und übertragen. Die Schnittpunkte müssen dann mit Gefühl freihändig verbunden werden.

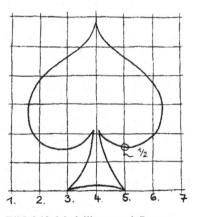

Bild 6.10 Modellierung mit Raster

Zahnräder, Gewinde, Propeller, Schnecken, Spiralbohrer, Fräser usw. laden wegen ihrer zunächst unübersichtlichen Form nicht gerade zum Zeichnen ein. Am Beispiel eines Spiralbohrers sei gezeigt, daß die Abneigung gegen diese Formen unbegründet ist – wenn man die Form bewußt analysiert und versteht:

1. Die einhüllende Grundform eines Spiralbohrers ist ein Zylinder. An der Spitze erkennt man die beiden Schneiden und die Querschneide.

2. Wegen der 2 Schneiden muß der Bohrer 2 Span-Nuten haben – also "2-gängig" sein. (Wendeln erscheinen von der Seite gesehen sinusförmig.) Steigung der Nuten: schätzungsweise 6-facher Durchmesser. Wegen der Zweigängigkeit wiederholt sich das Muster alle 3 Durchmesser. Form der Freifläche erfassen und zeichnen.

3. Objektweise vorgehen: Wie verlaufen die Nebenschneiden, wo sie sichtbar sind, und wie sehen sie aus? Zwischen den Punkten, wo sie auftauchen und wieder verschwinden, einen Hilfspunkt anbringen.

4. Wie verlaufen die Kanten zwischen Nebenfreifläche und Spannut? Sie folgen den Nebenschneiden mit einem Abstand von einer Viertelumdrehung.

5. Fehlende Kanten lokalisieren, zuordnen und sichtbare Partien zeichnen.

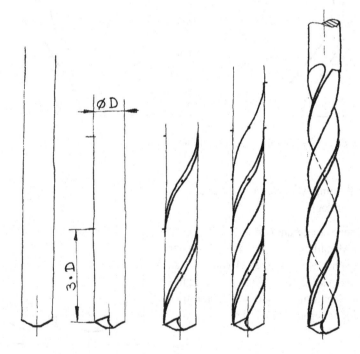

Bild 6.11 Schrittweiser Zeichnungsaufbau: Spiralbohrer

7 Handwerkszeug für das Konstruieren

Das Skizzieren ist kein Selbstzweck; es ist untrennbar mit dem kreativen Teil des Konstruierens verbunden. Konstruieren ist eine Tätigkeit, die gewachsene Erfahrung mit gemachten Fehlern voraussetzt. (Ohne Fehler lernt man nicht die Grenzen kennen.) Das läßt sich leicht nachvollziehen, wenn man sich an den klassischen Werdegang eines Konstrukteurs in Europa und besonders im diesbezüglich beneideten deutschen Sprachraum erinnert. Er bestand aus folgenden (teilweise nicht zwingenden) Entwicklungsschritten:

1. Praktische Arbeit als Facharbeiter (Was geht, und was geht nicht?)

2. Ausbildung im Technischen Zeichnen (erste Erfahrungen: Änderungen!)

3. Zeichnen von Einzelteilen, Baugruppen und vollständigen Maschinen unter Betreuung eines *erfahreneren* Konstrukteurs

4. Theoretische Weiterbildung zum Techniker oder Ingenieur ("Es gibt nichts praktischeres als eine gute Theorie")

5. Konzipieren und Entwerfen von Maschinen und Anlagen auf der Grundlage des aktuellen Standes von physikalischen, chemischen (...) und ingenieurwissenschaftlichen Erkenntnissen; wieder unter der Betreuung durch einen *erfahreneren* Kollegen oder Vorgesetzten.

6. Möglicherweise: Führungsverantwortung für die Entwicklung von Maschinen und Anlagen

7. Möglicherweise: Geschäftsführung

8. Der Werdegang hat 10 bis 20 Jahre gedauert – je nach Aufstieg in der Hierarchie.

Wenn man etwas zur Ausbildung von Konstrukteuren lernen möchte: Dieses System hatte eine innere Sicherheit durch das langsame Ansammeln von Erfahrung und die Kontrolle *durch* Erfahrung. Es gab immer einen Kollegen, mit dem man Ideen und Macharten diskutieren konnte. Die erworbenen Fähigkeiten haben folgerichtig und nutzbringend aufeinander aufgebaut. Allein die Langsamkeit war für viele unbefriedigend, und deshalb suchte man bald nach Abkürzungen auf dem Weg zum Konstrukteur. Die Beschleunigung von Entwicklungszyklen und die Verkürzung von Produkt-Lebensdauern schien die Technikgrundlage "Erfahrung" zu überfordern.

Vor etwa 50 Jahren startete der Versuch, die Vorgänge beim Konstruieren zu analysieren: Um die Konstruktion erstens lehrbar zu machen und sie zweitens durch Computer zu automatisieren. Das erste ist gut gelungen – auch wenn es wegen des hohen Anspruchs noch nicht ausreichend verbreitet ist. Das zweite hat sich nur auf den Gebieten entwickelt, in denen reine Rechenleistung weiterhilft: Räumliche Darstellung, Rendern, Datenübermittlung, CAM, Simulation, vielleicht noch parametrische Konstruktion von Baureihen.

Damit läßt sich der kreative Teil des Konstruierens vielleicht unterstützen und absichern, aber im Wettbewerb mit der gekritzelten und ingenieurmäßig "gekneteten" Idee haben die CA-Methoden das Nachsehen. Man kann beobachten, daß heute viel eher nicht ausreichend überlegte Fakten (Sackgassen) geschaffen und aufwendige Versuche gemacht werden. In der Vor-CA-Zeit hat man mehr Zeit den absichernden Vorüberlegungen gewidmet.

Es gibt eine umfangreiche Literatur, die den Prozeß des Konstruierens zu systematisieren sucht. Das beste Buch ist die Konstruktionslehre von Pahl / Beitz. Es ist ein praxisgerechter Kompromiß hinsichtlich Umfang / Lesbarkeit / Systematik / Regeln / Erfahrungsbeispielen. Hier lernt man, wie man aus Ideen Produkte macht:

• Funktionen herausarbeiten und ordnen

• Lösungsansätze finden

• Alternativen suchen

• Verbesserungen anbringen

• Nachteile herausarbeiten

• Prinzipelle Fehler vermeiden

Das Freihandzeichnen ist die ideale Technik, um Ideen und Problemlösungen so festzuhalten, daß sie danach auch hergestellt werden können. Jede Konstruktionstätigkeit setzt aber die Beherrschung *zusätzlicher* elementarer Techniken voraus, beispielsweise:

• Rechnen

• Kenntnis üblicher, genormter Abmessungen

• Berechnung von Toleranzketten

• Meßtechnik, Maßaufnahme

• Regeln des Technischen Zeichnens

• Erfahrung mit Fertigungstechnik (Lehre, Praktikum, sinnvolle Toleranzen)

• Deutliche Schrift

• Deutliche Zeichnung

• Deutliche Bemaßung

Die Freude beim Zeichnen/Konstruieren und der Erfolg ist um so größer, je besser man diese Elementartechniken beherrscht. Warum gibt es dazu keine befriedigende Anleitung? Es sind Kleinigkeiten, deren Nichtbeachtung den Zeitverbrauch für das Konstruieren nicht nur verdoppeln, sondern auch verzehnfachen kann.

7.1   Kopfrechnen

Das freihändige Zeichnen ist deshalb so schnell, weil man nur mit Papier und Bleistift hantiert und dabei keine weiteren Hilfsmittel benötigt. Ein Taschenrechner stört, wenn man seinetwegen den Stift ablegen muß. Es ist oft schneller, einfache Rechnungen im Kopf zu machen oder zu Fuß auf dem Papier. (Dann hat man beim Weiterarbeiten eine Gedankenstütze.)

Wenn man Rechenergebnisse direkt "sehen" kann, ist man mit dem Kopfrechnen schneller als mit dem Taschenrechner. Beim Kopfrechnen kann man sich auch nicht vertippen! Das "Sehen" von Rechenergebnissen praktiziert jeder von uns: Wer rechnet denn schon 2x2 oder 3 x 3 oder 10 x 57 oder 12 / 6 ?

Jeder hat eine Vorstellung von 3 / 4 oder 2 / 3. Jeder wird sofort "sehen", was 6 + 4 oder 22 + 8 oder 47 - 17 ist. Soll man das noch in den Taschenrechner eingeben?

Warum *weiß* man, warum *sieht* man Rechenergebnisse? Weil man sie häufig benutzt, und weil sie im Alltag als geometrische Muster vorkommen. Je mehr man fertige Beziehungen zwischen Zahlen kennt, desto öfter *sieht* oder *weiß* man die Ergebnisse. *(im folgenden Dezimal*punkte *zur Unterscheidung zu den Satzzeichen)*

1. Das einfachste und früheste Beziehungsgerüst zwischen den Zahlen ist das **kleine und das große 1x1**. Je nach früherem Drill (richtig!) oder persönlicher Vorliebe sieht man die Ergebnisse von 3 x 7 oder 5 x 6 oder 8 x 8 ohne Überlegen sofort. Dasselbe gilt für die Division von 27 / 9 oder 48 / 8 oder 144 / 12 oder 72 / 36.

2. Ein anderes Beziehungsschema sind **Komplemente** wie:
   15+5 oder 25 +15 oder 55+25

   oder die 100er Komplemente 65+35, 25 +75 oder 55+45;
   ungewohnter, aber fast genauso bequem sind:
   83+17 oder 54+46 oder 61+39

   oder umgekehrt: 100-17 oder 100-46 oder 100-39

3. Leichte Rechenoperationen sind auch **Verdoppeln** und **Halbieren**:
   13 >> 26, 18 >> 36, 79 >> 158, 112 >> 224, 831 >> 1662

   17 >> 8.5,   25.4 >> 12.7, 28 >> 14, 35 >> 17.5, 68 >> 34, 670 >> 335

4. **Multiplizieren mit 1.5** geht leicht: Die Hälfte addieren

5. **Multiplizieren mit 2.5** ist dasselbe wie x 10 / 4; das läuft auf vierteln hinaus:

   8 x 2.5 = 80 / 4 = 20, 17 x 2.5 = 170 / 2 / 2 = 42.5

6. **Vervierfachen und Vierteln:**
   4.4 >> 8.8 >> 17.6, 13 >> 26 >> 52, 79 >> 158 >> 316, 0.96 >> 0.48 >> 0.24,
   45 >> 22.5 >> 11.25, 25.4 >> 12.7 >> 6.35

7. **Operationen mit 5**

lassen sich durch halbieren bzw. verdoppeln ersetzen: 86 x 5 = 860 / 2 = 430,
0.75 x 5 = 7.5 / 2 = 3.75, 17 x 50 = 1700 / 2 = 850,   112 x 5 = 1120 / 2 = 560

1.8 / 5 = 0.18 x 2 = 0.36, 56 / 5 = 5.6 x 2 = 11.2, 79 / 5 = 7.9 x 2 = 15.8

8. **Teilen durch 3.6**

(Stundengrößen in Sekunden umrechnen, auf 1% genau)

1/10 addieren und dann durch 4 teilen.

z.B. km/h in m/sec umrechnen:
120 km/h >> 120 + 12 = 132 >>132 / 2 / 2 = 33 m/sec

z.B. Joule in kWh umrechnen:
5000 kJ = ? kWh >> (5000 + 500) / 2 / 2 = 1.375 kWh

8. Nützlich ist es, **Kehrwerte** und **Brüche** auswendig zu wissen:

10/6 = 1.67, 10/7 = 1.43, 10/8 = 1.25=5/4, 10/9 = 1.11, 6/5 = 1.20, 5/6 = 0.83,
3/4 = 0.75, 2/3 = 0.67.
Brüche helfen beim Multiplizieren und Dividieren: z. B. Teilen durch 0.75 (=3/4)
ist dritteln und dann das Drittel draufschlagen (...4/3);
oder: Teilen durch 1.25 (=5/4) ist fünfteln und dieses Fünftel abziehen (...4/5)

9. genauso wie **Konstanten**:

$\sqrt{3}/2$ = 0.866, $\sqrt{2}$ = 1.414, $\sqrt{2}/2$ = 0.707, $\pi/4$ = 0.**785**, **7.85** (Dichte Stahl),
3.**785** (Amer. Gallone), 25.4 (1 Zoll), 30.5 (1 Fuß = 12 Zoll), 4.186 (J / cal)

10. **Normzahlreihe R10**:   1   1.25(9)   1.6   2   2.5   3.15   4   5   6.3   8   10

11. Das Mischen von Kopfrechnung und "Taschenrechnung" ist	120	
sehr effektiv beim Addieren von Zahlenkolonnen (Maßketten,	130	*250*
Kostenkalkulation): Man sucht nach 2 bis 3 Summanden, die	55	
sich zu einem einfachen Ergebnis ergänzen und tippt dann	287	
nur noch diese Zwischenergebnisse ein.	145	*200*
	610	*897*
	50	
	18	*68*
	25	
Natürlich ist Kopfrechnen nicht ohne Risiko:	110	*135*

• Man kann sich auch "ver-sehen" und landet mit 55 + 35 bei 80 oder 100.

• Man denkt richtig und schreibt (nur) eine Ziffer falsch hin: 2.5 statt 3.5 (weil man
gerade an etwas mit 25 oder 2 gedacht hat.

• Die (deutschen) Zahlendreher, geistesabwesend: einhundertdreiundfünfzig >> 135

Die Effizienz und Sicherheit des Kopfrechnens wächst mit der Häufigkeit der
Anwendung. Nichts riskieren: Nur diejenigen sollen kopfrechnen, die täglich mit
Zahlen und Berechnungen umgehen.

Kopfrechnen heißt nicht, alles im Kopf zu machen. Die Formel und die Werte müssen schon auf dem Papier stehen.

Man kann Kopfrechenfehlern vorbeugen, wenn man – SI hin oder her – für jeden Fall die *anschaulichsten* Einheiten wählt:

Tonnen, kg, dm, cm, ml in der Hydraulik

N, mm, N/mm², in der Festigkeitslehre

m oder mm WS beim Vakuum, Dampfdruck

Das Kopfrechnen kontrolliert die Größenordnung des Ergebnisses auf Plausibilität: 100 km/h können nicht 2.78 oder 278 m/sec sein.

Man kann sich angewöhnen, kleine Trainingseinheiten in die Arbeit einzubauen, um den Vorrat an fertigen Rechenergebnissen zu vergrößern. Beispiele:

1. Umrechnungen von Währungen (ungefähre Äquivalente zu 1 Euro)
   Schweiz: 1.25 CHF, Großbritannien: 0.85 GBP, Spanien: 166 ESP,
   Israel: 4.75 ILS, Tschechien: 36 CZK, Polen: 4.1 PLN, Russland: 41 RUB,
   Schweden: 8.5 SEK, Dänemark: 7.5 DKK, China: 8 CNY, USA: 1.3 USD,
   Mexiko: 16 MXN, Brasilien: 2.6 BRL

2. Berechnung von Zinsen
   Man versetzt das Komma in Gedanken um 2 Stellen nach links und multipliziert dann mit der Prozentzahl.

3. Berechnungen von Gewichten von Maschinenelementen:
   Große Zahlen vermeiden und *vorstellbare* Größen anstreben: In Dezimetern (dm) denken, weil ein Würfel Wasser mit einer Kantenlänge von 10 cm 1 kg wiegt. Dichte Stahl = 7.85, Dichte Aluminium = 2.7 (= x 3 - 10%).

4. Berechnung von Flächen:
   Grundflächen in der Fertigung oder von Gebäuden; oder Kreisflächen (Kolben, Rohre, Behälter): Man nimmt ein sich leicht zu merkendes Wertepaar wie
   ø80mm >> **50 cm²**
   und leitet sich den Rest einer Reihe daraus ab:
   ø20 >> **3.14**, ø40 >> **12.6**, ø80 >> **50**, ø160 >> **200**

5. Interessante Trainingseinheiten lassen sich beim Autofahren einbauen:
   Berechnen der Durchschnittsgeschwindigkeit alle 5, 10, 15, 20 Minuten, voraussichtliche Ankunftszeit, Geschwindigkeit in m/sec, Entfernungs- und Zeitverlust durch Elefantenrennen, Berechnen des Benzinverbrauchs nach dem Tanken usw.

6. Oder die Geschwindigkeit im ICE bestimmen aus der Zeit, die er für 1 Kilometer (siehe Oberleitungsmasten) benötigt.

7.2   Maßaufnahme von Teilen

Viele Konstruktionen werden an vorhandene Dinge angebaut oder in vorgegebene Räume eingefügt. Manchmal müssen auch Ersatzteile nachkonstruiert werden, deren Zeichnungen verlorengegangen sind. Dann muß man Maße aufnehmen. Bei einer havarierten Maschine in einem Produktionsbetrieb ist das schwierig, und deshalb muß man sich die bestmöglichen Voraussetzungen schaffen: Einen Tisch mit Stuhl, Lappen, verschiedene verläßliche Meßzeuge, wasserfeste schmale und breite Filzschreiber, Lineal(ersatz) und Winkel.

Die zu vermessenden Teile müssen sauber sein – zumindest müssen Lack, Öl und Verkrustungen an den zu messenden Kanten entfernt werden.

Im ersten Schritt muß das zu vermessende Teil aus Grundkörpern modelliert werden. Auf die Proportionen achten. Damit man Platz für die einzutragenden Maße schafft, nimmt man ein großes Papierformat und zeichnet die notwendigen Ansichten möglichst groß. Bei räumlichen Aufgaben kann man auch eine Perspektive zeichnen. In die Skizzen trägt man erst einmal alle Maßlinien ein – ohne Maße.

Im zweiten Schritt vermißt man Grundkörper für Grundkörper und prüft, ob man mit den aufgenommenen Maßen den jeweiligen Grundkörper auch herstellen könnte – damit ist Gefahr geringer, daß man Maße vergißt. Manche Elemente kommen mehrfach vor; dann vermißt man sie auch mehrfach. Gußteile sind z.B. oft unregelmäßig: Wenn man mehrere Maße hat, dann kann man das korrekte Sollmaß vermuten. Man muß Funktionsflächen und "Egal"-Flächen erkennen und unterscheiden.

• Bei Maßketten mißt man zur Sicherheit auch das Gesamtmaß.

• Man mißt höchstens 2 Maße auf einmal, dann merkt man sie sich und notiert sie.

• Um Zahlendreher zu vermeiden, sagt man (sich) die Werte *ziffernweise* an:

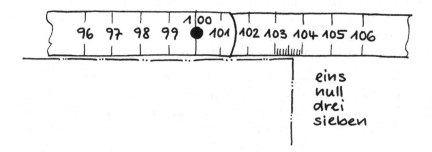

Bild 7.1 Maße ablesen und sprechen

• Man kann Teile auch auf den Kopierer legen und vermessen. Ein Hauptmaß am
  Teil und auf der Kopie messen und vergleichen (Der Kopiermaßstab quer und
  längs kann unterschiedlich sein.).

Die nachfolgenden Beispiele sind nicht vollständig / erschöpfend.

• Bei vermutlich rechten Winkeln versucht man auch die Diagonalen zu messen und
  prüft das Ergebnis mit dem Satz des Pythagoras.

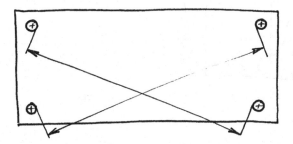

Bild 7.2 Rechtwinkligkeit und Symmetrie

• Für beengte Stellen nimmt man ein ein "Mäßchen" hinzu und addiert 2 Maße.

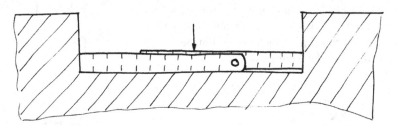

Bild 7.3 Beengte Innenmaße

• Fehlende Bezugskanten stellt man mit
  dem Lineal oder einem Winkel her.

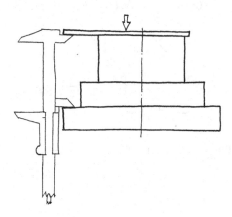

Bild 7.4 Bezugskante herstellen

- Bohrungsabstände mißt man von Kante zu Kante – vielleicht mit 2 verschiedenen Methoden. Die Kanten können auch abgenutzt und nicht zuverlässig sein. Bei Gewindebohrungen Schrauben hineindrehen und dazwischen messen.

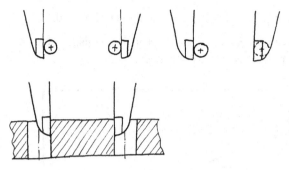

Bild 7.5 Bohrungsabstände messen: links gut - rechts schlechter

- Vorsicht beim Messen von *kleinen* Bohrungen mit dem Meßschieber: Die Spitzen liegen nicht richtig an.

- Bei Lochkreisen sollte man die Bohrungsabstände 2 x messen und auf Plausibilität prüfen. Deutscher Maschinenbau wählt normalerweise glatte Maße. Bei importierten Teilen gibt es manchmal krumme Maße, die manchmal auch nicht auf Zollmaße zurückgeführt werden können.

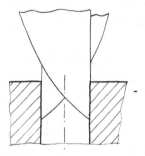

Bild 7.6 Meßschieber: Spitzen liegen nicht richtig an

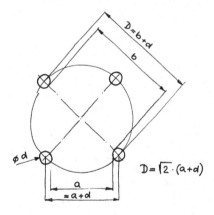

$$D = \sqrt{2} \cdot (a+d)$$

Bild 7.7 a Teilkreis auf Plausibilität prüfen

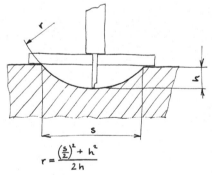

$$r = \frac{\left(\frac{s}{2}\right)^2 + h^2}{2h}$$

Bild 7.7 b Radien ohne Mittelpunkt bestimmen

- Außengewinde: Der gemessene Außendurchmesser muß nicht unbedingt stimmen.
  Plausibilitätskontolle mit den Regelge-
  winden. Evtl. Flankendurchmesser mit 3
  Drähten bestimmen. Gewindesteigung über
  mehrere Gänge hinweg messen.

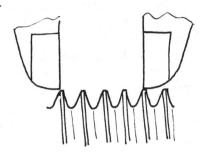

Bild 7.8 Gewindesteigung messen

- Innengewinde: Der Gewindedurchmesser ist
  nur über den Innendurchmesser und die
  Steigung bestimmbar. Zusammen mit dem
  passenden Außengewinde erhält man mehr
  Sicherheit. Gewindesteigung: Einen
  Abdruck mit dem Finger und einem Papierstreifen machen.

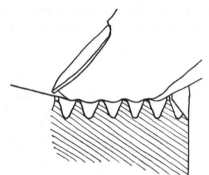

Bild 7.9 Steigung bei Innengewinde
feststellen

- Zahnräder: Die Zahnhöhe durch 2,25 teilen:
  Das gibt einen ersten Anhaltspunkt für den
  Modul. Dann eine Plausibilitätskontrolle
  mit dem ungefähr gemessenen Teilkreis und
  der Zähnezahl. Der Achsabstand mit den
  Daten des Gegenrades ermöglicht eine
  zusätzliche Kontrolle.

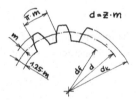

Bild 7.10 Zahnradgeometrie

- Vorsicht: Es gibt auch profilverschobene
  Verzahnungen. Bei denen ist das Profil um
  $(x \cdot m)$ radial nach außen oder innen
  versetzt. Die miteinander kämmenden
  Räder wälzen nicht mehr auf den Teil-
  kreisen d_1 und d_2 ab, sondern auf den
  Wälzkreisen d_{w1} und d_{w2}.
  Der Achsabstand ist dann $(d_{w1} + d_{w2}) / 2$

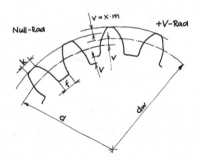

Bild 7.11 Geometrie der Profilverschiebung

• O-Ringe: Erst den Schnurdurchmesser messen. Darauf achten, ob der
Ring "platt" ist – dann beide Durchmesser messen. Zur Sicherheit die
Tiefe und Breite der zugehörigen Nut
messen.

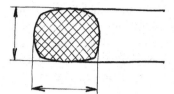

Bild 7.12 Schnurdurchmesser

Nenndurchmesser des O-Ringes ist der *Innendurchmesser*. Kleine Ringe, ohne zu
berühren, ungefähr am größten und kleinsten Außendurchmesser messen. Mit dem
Schnurdurchmesser den Innendurchmesser ausrechnen.

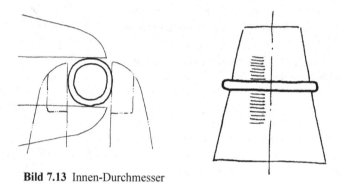

Bild 7.13 Innen-Durchmesser

Große Ringe muß man mit 2 Rundstäben und Metermaß vermessen und dann den
Durchmesser ausrechnen. Dazu braucht man einen Zweiten zur Hilfe.

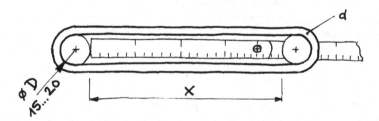

Bild 7.14 Durchmesser großer O-Ringe

• Profil-Dichtungen: Werden wie O-Ringe vermessen. Schwieriger ist die Bestimmung des Werkstoffes; z.B. über die Dichte: NBR hat 1.35 und FKM 1.9 g / ml

• Winkel: Man kann den Winkelmesser – wenn man einen hat –
meistens nicht anschmiegen. Dann
hilft z.B. visieren und eine Plausibilitätskontrolle mit üblichen
Winkeln. Auf kontrastreiche
Beleuchtung und kontrastierenden
Hintergrund für den Spalt achten.
Vorsicht: Der Winkel kann
verschlissen sein.

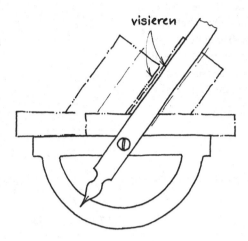

Bild 7.15 Winkel visieren

Genauer ist die rechneri-
sche Bestimmung mit
Hilfe eines ebenmäßigen
Stück Flacheisens.

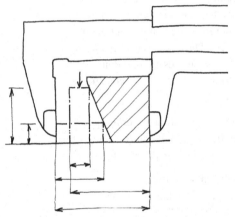

Bild 7.16 Winkel ausrechnen

• Es gibt Maße, die sind unmeßbar. Da hilft nur, das
Maß aus Nachbarteilen und über die Funktion zu
rekonstruieren.

Bild 7.17 unmeßbares Maß

• Einen Höhenreißer
  kann man auch als
  Meßzeug benutzen.
  Die untere Fläche der
  Spitze kann man zum
  Visieren verwenden.

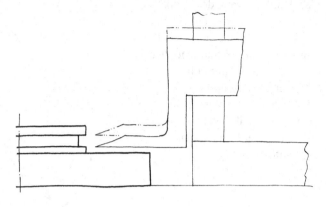

Bild 7.18 Höhenreißer

• Kegel: Bei großen Teilen kann
  man einen Winkelmesser
  verwenden. Bei kleinen Teilen
  oder bei Innenkegeln bleibt einem
  nur übrig, Durchmesser, Längen
  und Tiefen zu messen und dann
  den Winkel mit tan / sin / cos zu
  errechnen.

  Längenmaße sind unzuverlässig,
  wenn die Kegel Übergangsradien
  zum zylindrischen Teil haben.

  Plausibilitätskontrolle und
  Korrektur mit Katalogangaben
  oder genormten Werten.

  Krumme Winkelwerte können
  glatten Kegelverhältnissen
  entsprechen.

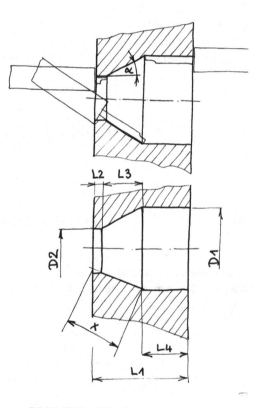

Bild 7.19 Kegel bestimmen

7.3   Maßaufnahme im Raum

Es ist übersichtlicher, 2 oder 3 Ansichten
zu skizzieren. Hilfsmittel wie Winkel und
Lineare mit einzeichnen. Maßpfeile für
jedes Formelement eintragen. Nur
meßbare Konturen bemaßen.

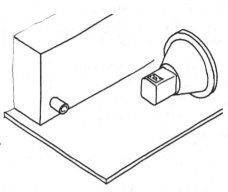

"Überbemaßen", damit man Maße aus 2
verschiedenen Maßketten bestimmen und
vergleichen kann.

Zur Sicherheit Fotos machen – Bildsensor
parallel zur Projektionsebene der skizzierten Ansichten. Aus den Ausdrucken
lassen sich mit Dreisatzrechnung ungefähre Maße bestimmen.

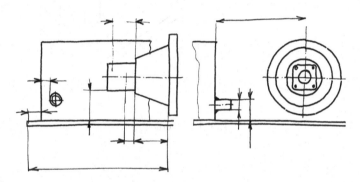

Bild 7.20 Vorbereitung für Maßaufnahme im Raum

Ablauf:

1. Komplexe Teile müssen zunächst in ihre Formelemente zerlegt werden.

2. Man skizziert das Teil in mehreren Ansichten – gefühlsmäßig 50% größer, als
   man zunächst denkt.

3. Von der Skizze / den Skizzen mehrere Kopien machen.

4. Maßpfeile *ohne Maße* einzeichnen. Dann Formelement für Formelement
   ausmessen und Maße eintragen. Unterscheiden: Welches Maß beschreibt die
   Form? Welches Maß beschreibt die Lage?

5. Man sollte die Maße verschiedener Formelemente räumlich auseinanderhalten –
   dafür hat man die Kopien gemacht.

Beispiel:

Eine alte Presse soll modernisiert werden. Dazu müssen Flächen nachbearbeitet und
Teile angebaut werden.

Neue Teile sind Schutzverklei-
dung, Lichtschranken, Absturzsi-
cherung, Hydraulik-Kreise.

Das Ergebnis muß festigkeits-
mäßig sicher sein und außerdem
gut aussehen – deshalb darf nichts
"angehalten" oder improvisiert
werden.

Also: Form-Elemente erkennen
und die Formen in mehreren
Ansichten zeichnen.

Kopien machen.

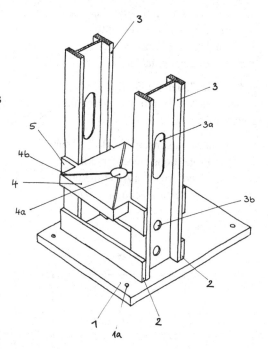

Bild 7.21 Form-Elemente erkennen

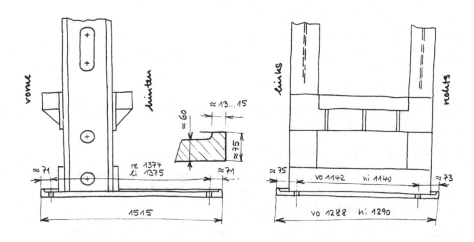

Bild 7.22 Bodenplatte ausmessen

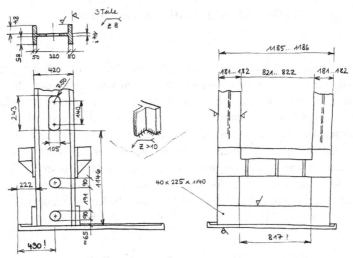

Bild 7.23 Rahmen und Durchbrüche ausmessen

Bevor die Bilder zu unübersichtlich werden, kann man den Inhalt der Kopien auch thematisch unterscheiden: Ein extra Blatt für die Oberflächen, ein weiteres für Schweißnähte, ein weiteres Blatt für die Anschlußmaße demontierter Teile.

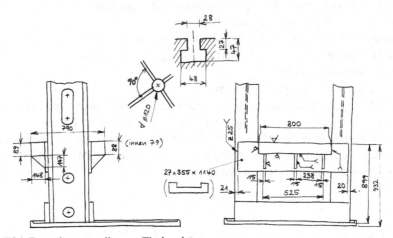

Bild 7.24 Formelemente, die zum Tisch gehören

Natürlich gehören noch viele weitere Maßaufnahmen dazu: Zylinder, Kolben und Kolbenstangen, Dichtungsbrillen, Führungen, Weggeber, Schalter, ein Schema für die Verrohrung, technische Daten des Hydraulikantriebs.

7.4 Deutliche Zeichnung und deutliche Bemaßung

Der Zweck und der Anspruch einer Technischen Zeichnung ist, daß der Betrachter sich das Ding ohne Rätselraten in wenigen Sekunden vorstellen kann. Das ist eine Leistung des Unterbewußtseins – ob nun für ein Kind oder einen Techniker. Das Ding muß in seiner Form / Kontur deutlich dargestellt sein. Die Deutlichkeit wird verstärkt, wenn die Konventionen des Technischen Zeichnens strikt eingehalten werden: Linienbreiten, Linienarten, Schraffur, Schnittverlauf, nicht geschnittene Teile, Symbole, Außengewinde vor Innengewinde, richtig geklappt usw.

Jede Abweichung von der Konvention läßt das Unterbewußtsein stolpern und zwingt den Betrachter zum Nachdenken – schon ist es aus mit dem Vorstellungsvermögen. Es zahlt sich aus, ein Lehrbuch zum Technischen Zeichnen durchgearbeitet zu haben.

Andererseits ist es hilfreich, sich über Konventionen hinwegzusetzen, wenn sie die Deutlichkeit / Verständlichkeit fördern.

Empfehlungen zur **Deutlichkeit**:
- Darstellung in einer wiedererkennbaren Lage: wie bei der Bearbeitung, wie beim Einbau oder wie beim Gebrauch
- Deutliche Kontur (Linienbreite)
- Ansichten im "richtigen" Abstand voneinander, nichts quetschen
- Auf DIN A3 zeichnen und verkleinert kopieren
- Verwirrende Details vereinfacht oder getrennt darstellen
- Verdeckte Kanten vermeiden – die darf man sowieso nicht bemaßen
- Schnitte, Schnitte, Schnitte!
- Maße nur außerhalb des Teils eintragen
- Mit mindestens 2 Blättern arbeiten: Erst eine Originalskizze *ohne Maße* anfertigen, dann auf einer Kopie davon Maße usw. eintragen. Wenn man beim Bemaßen Fehler macht und es zu unordentlich wird, muß man nicht die Skizze neu machen. Wenn man weitere Kopien macht, muß man auch nicht alle Maße auf ein Blatt zwängen, sondern kann sie thematisch verteilen.

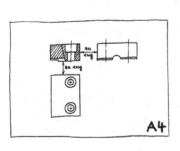 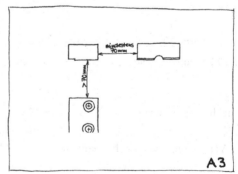

Bild 7.25 Ansichten nicht quetschen – lieber auf DIN A3 zeichnen

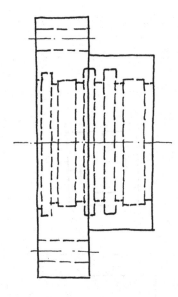

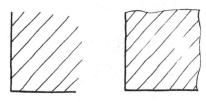

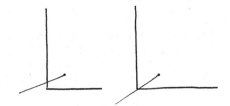

Bild 7.26 Schlecht: Schraffur endet im Leeren

Bild 7.27 Verdeckte Kanten sind
Augenpulver

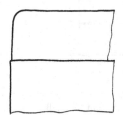

Bild 7.28 Linien, die sich zufällig schneiden,
irritieren

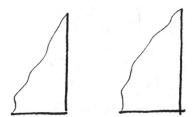

Bild 7.29 Die *linke* Ecke ist wirklich eine Ecke;
die rechte Ecke ist "2 kreuzende Linien"

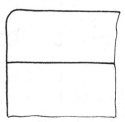

Bild 7.30 links: nur ein waagerechter Strich;   rechts: Das sind deutlich zwei Teile.

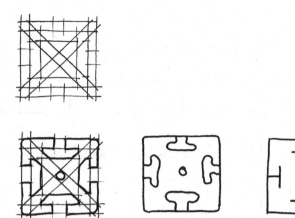

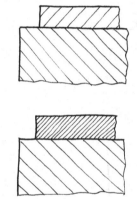

Bild 7.31 die Form nicht nachzeichnen, sondern
schrittweise vereinfachen

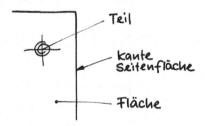

Bild 7.32 unterschiedliche Schraffur
schafft Kontrast

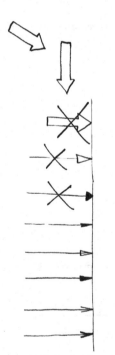

Bild 7.33 dünne Pfeile sind für Maße,
umrandete für Hinweise

Bild 7.34 Das Ende einer Hinweislinie
hat eine Bedeutung

Maße und Texte sind notwendig, aber störend: Die *Kontur* des Teils bildet in der Vorstellung ein wirkliches Teil – ein *Maß* kann aber kein Teil sein. Maße sollten idealerweise dezent sein (Linienbreite 0.35) und hinter der Teiledarstellung (Linienbreite 0.5) zurücktreten. Bei Skizzen ist das nicht einzuhalten; Maße und Texte aber lieber zu dünn als zu fett schreiben.

Maße und Toleranzen bestimmen, wo eine Fläche eines Form-Elementes (kurz: Form) liegen soll.

Funktionsflächen haben eine bestimmte Funktion: Kraft übertragen, Reibung gewährleisten, Reibung minimieren, abdichten, gut aussehen, Spiel begrenzen, usw. Die dazugehörigen Maße heißen *Funktionsmaße* und dürfen nur in bestimmten Grenzen vom Nennmaß abweichen. *Jedes* Maß, für das man sich *nicht* die mögliche Toleranz überlegt hat, ist funktionsgefährdend.

Vorsicht, wenn Sie "Allgemeintoleranzen" lesen: Da hat einer weniger nachgedacht als er müßte: Er hat bestimmt nicht nachgesehen, ob die zugehörige Allgemeintoleranz zur Funktion paßt – das dauert nämlich länger, als sich eine angemessene Toleranz auszudenken. Und weil weder der Konstrukteur noch der Arbeiter an der Maschine sich Allgemeintoleranzen merken können und auch nicht nachschlagen sollen, ist es sicherer, sich die erforderlichen Toleranzen *jedes* Mal zu überlegen und an *jedes* Maß dranzuschreiben.

Es gibt auch "Egal-Flächen", deren "Egal"-Maße nicht toleriert werden müssen. Damit in der Fertigung trotzdem nicht zuviel Mühe hineingesteckt wird: Lieber hinschreiben, daß es ein Egal-Maß ist.

Empfehlungen zur Bemaßung – das gilt besonders für das CAD:
• die Maße *einer* Form gehören zusammen und sollen auch beieinander stehen.
• Maße geben zunächst die *Form* an und dann deren *Lage* bezogen auf andere Formen.
• Die Bemaßung Form für Form eintragen.
• Die Maße müssen meßbar sein.
• Kettenmaße beschreiben Funktionen meistens besser als Koordinaten.
• Koordinatenbemaßung ist meistens schlecht: Sie erschwert die Kontrolle der Fügbarkeit, der Funktion, des Spieles.
• Formen, die nichts miteinander zu tun haben, nicht gemeinsam bemaßen.
• Maße für Außenkontur räumlich trennen von Innenkontur.
• Formen, die sich wiederholen, aber *offensichtlich* gleich sind, nur 1x bemaßen.
• Formen, die sich wiederholen, nur 1x darstellen; die übrigen Male vereinfachen.
• Symmetrie nutzen: nur 1x bemaßen.
• Maßlinien und Maßhilfslinien möglichst nicht kreuzen.
• Scharen von eng beieinanderliegenden Maßhilfslinen ("Harfen") sind verboten! Warum? Weil der Blick versehentlich die Spur wechselt.
• Maßhilfslinien sparen: Bei Drehteilen Maßlinien mit nur 1 Pfeil verwenden.
• Halbschnitte nutzen: Ansicht oben, Schnitt unten.
• Hinweislinien nicht knicken (Das irritiert den Weg des Auges.)

(Die folgenden Beispiele sind absichtlich nicht vollständig bemaßt)

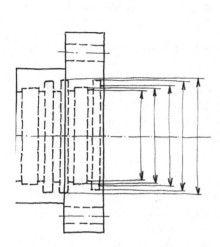

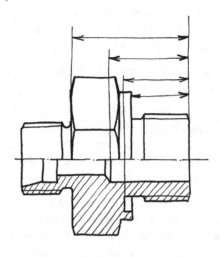

Bild 7.35: Verdeckte Kanten und "Harfen" irritieren das Auge und das Gehirn

Bild 7.36 Vermischte Maße, die nichts miteinder zu tun haben, verwirren nur.

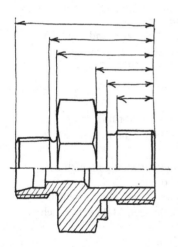

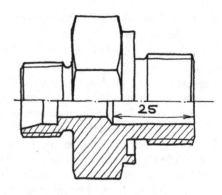

Bild 7.37 Koordinatenbemaßung ist meistens gedankenlos und in jeder Beziehung schlecht: für Funktionskontrolle, Vollständigkeit, Deutlichkeit, Meßbarkeit

Bild 7.38 Maß im Teil versteckt!

Wenn das Teil vor der Bemaßung zu
klein gezeichnet wird, überwältigt
die Bemaßung das Teil und es bleibt
kaum Platz für Toleranzen und
zusätzliche Angaben. Die werden
dann notgedrungen weggelassen –
mit schlimmen Folgen.

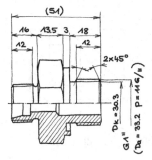

Bild 7.39 Teil zu klein dargestellt

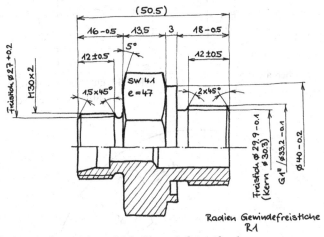

Bild 7.40 Teil schön groß gezeichnet: Mehr Platz; *Außenmaße oben*

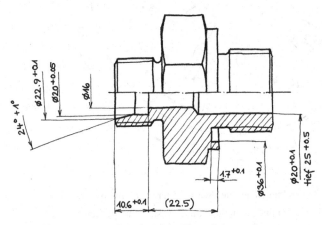

Bild 7.41 Teil schön groß gezeichnet: Mehr Platz; *Innenmaße unten*

   (Problem: Wo tut man das Längen-Maß für den rechten Teil der Bohrung hin?)

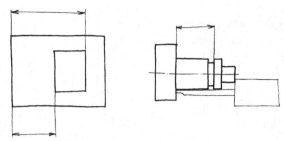

Bild 7.42 Maß *unten*: meßbar, *oben*: schlecht meßbar, *rechts*: nicht meßbar

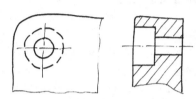

Bild 7.43 Nur das bemaßen,
was man deutlich erkennt

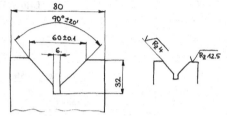

Bild 7.44 gut: Maßlinien und Maßhilfslinien
sollen sich nicht schneiden

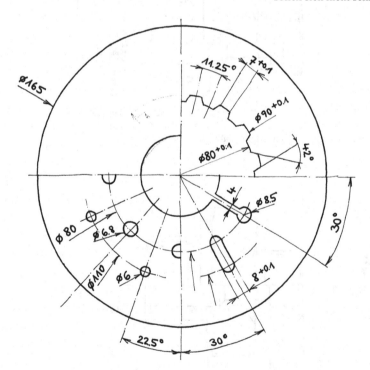

Bild 7.45 Trotz formal korrekter Bemaßung wird es hier schon unübersichtlich.
Also: Kopie machen und Bemaßung auf 2 Ansichten verteilen

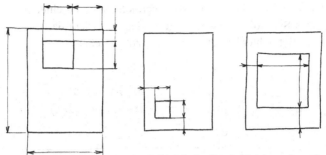

Bild 7.46 Blechteile sind leicht zu bemaßen

Bevor Skizzen zu unübersichtlich werden, kann man sie dadurch entlasten, daß man *mehrere* Kopien benutzt, die jeweils *teilweise* bemaßt werden. Bei einfachen Teilen geht es schnell, die Kontur zweimal zu zeichnen und die interessierenden Form-Elemente oder -gruppen getrennt zu bemaßen.

Es gibt auch Teile, die deswegen unübersicht-lich werden, wenn *große* und *kleine* Abmes-sungen *gleichzeitig* vorkommen. Wenn das große Maß aufs Papier paßt, dann wird das kleine zu klein dargestellt oder wenn das kleine Maß vergrößert dargestellt wird, muß man das große Maß abbrechen. Das stört die Vorstellung. Dann darf und soll man das Teil absichtlich verzerrt darstellen – so lange es richtig bemaßt ist, gibt es keine Probleme.

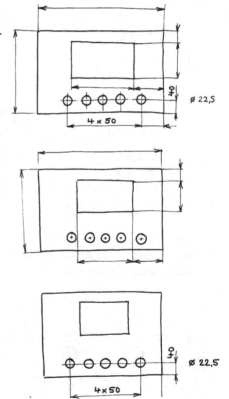

Bild 7.47 Ausschnitt und Bohrungen für Taster in 2 zusätzlichen Bildern bemaßen

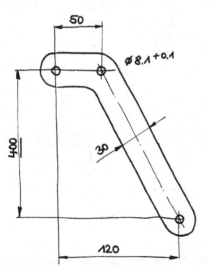

Bild 7.48 Darstellung verzerrt – Maße richtig
(Ratschlag von Wolfgang Richter)

Handskizzen kann man durch zeichnerische Vereinfachung beschleunigen, z.B. wie die "Schnecke" als Symbol für ein Innengewinde. Außerdem darf man nur so viel darstellen, wie der Betrachter braucht, um etwas zu verstehen.

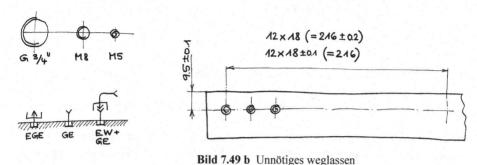

Bild 7.49 b Unnötiges weglassen

Bild 7.49 a Eigene Symbole

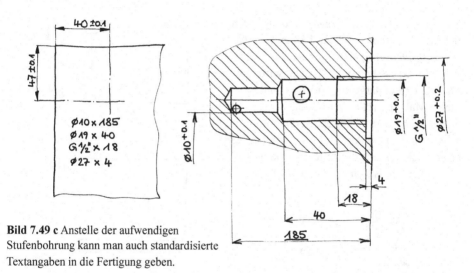

Bild 7.49 c Anstelle der aufwendigen Stufenbohrung kann man auch standardisierte Textangaben in die Fertigung geben.

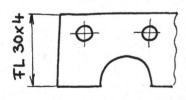

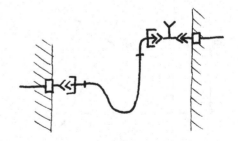

Bild 7.49 d Halbzeug muß nicht bemaßt werden – Text genügt.

Bild 7.49 e Umgekehrt: Hydraulikverschraubungen sind als Symbol sicherer und praktischer als die Kurzbezeichnung.

7.5 Toleranzen

"Toleranzen" heißt das Stiefkind der Konstruktionsliteratur. Sie sind aber (deshalb?) meistens der Kern der täglichen Probleme in der Industrie. Und: die *Kosten* und die *Funktion* eines Teiles liegen in den *Abmaßen* – weniger in den Maßen. Meistens werden Toleranzen zu eng angegeben ("Angsttoleranzen").

Ein Maß besteht immer aus dem *Nennmaß* und den beiden *Abmaßen*. (Die zugehörigen Begriffe finden Sie z.B. im Böttcher/Forberg oder im Tabellenbuch Metall.) Das Ist-Maß des gefertigten Teiles muß innerhalb des Toleranzfeldes liegen. Die Breite des Toleranzfeldes ist ein Frage der gewünschten Funktion (z.B. Düsendurchmesser, Vorspannung von Dichtungen) und der maximal erlaubten Positionsgenauigkeit (z.B. Führungsspiel, Lagetoleranz, Einbaumaß, Akkumulation von Toleranzen)

Bei kleinen Stückzahlen liegen die Ist-Maße regellos verteilt innerhalb des Toleranzfeldes. Bei großen (automatisiert gefertigten) Stückzahlen liegen die Ist-Maße meistens gehäuft in der Mitte des Toleranzfeldes. Die zugrundeliegende Statistik sollte man als Ingenieur verstanden haben. (Gut: Kraftfahrzeugtechnisches Taschenbuch von Bosch) Ich möchte sie hier nicht unnötig ausbreiten – was mich auch zu Vereinfachungen zwingt. Übrigens: Dank der schnellen Computer kann man die Effekte zufälliger Ereignisse sehr gut mit Zufallszahlen und kleinen selbstgeschriebenen Programmen studieren.

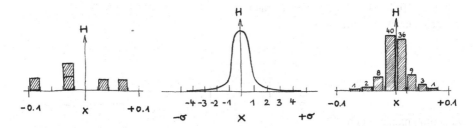

Bild 7.50 Verteilung von Ist-Maßen in der Einzelfertigung und Serienfertigung

Die Verteilung der Ist-Maße wird durch den Mittelwert μ und die Standardabweichung σ charakterisiert. Bei der Normalverteilung liegt ein bestimmter Anteil von allen Ist-Maßen innerhalb eines Bereiches von Vielfachen von ±σ. Anschaulicher ist aber, wieviel Teile / Maße *außerhalb* liegen:

± 1 σ: 32 Teile von 100
± 2 σ: 46 von 1.000
± 3 σ: 27 von 10.000
± 4 σ: 64 von 1.000.000
± 5 σ: 60 von 1.000.000.000

Fertigungs- und Montagesicherheit gebieten nun,
daß nur ein bestimmter Anteil aller Ist-Maße /
Teile außerhalb des Toleranzfeldes liegen darf.

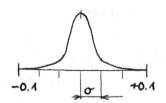

Vereinfachter Fall, wenn der Mittelwert der Maße
mit der "Mitte" der Toleranz zusammenfällt:

Das von einem Prozeß zu fordernde Streumaß "σ"
ergibt sich daraus, wieviel "σ" in das Toleranzfeld
gequetscht werden müssen. Bei einer noch
normalen Toleranz von ±0.1 und einem Cp von
1.33 (= 4/3, entspricht 4 σ) ist nur eine Streuung
von 0.025 erlaubt. Das zu fertigen und zu messen
ist (neudeutsch verniedlichend) "eine Herausforderung".

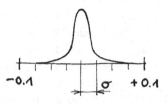

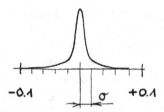

Jetzt kommt ein zweites Problem dazu:
Toleranzen addieren sich, wenn
1. mehrere Maße eines Teiles ein
resultierendes Maß ergeben und
2. mehrere Teile zusammengebaut werden
und sich daraus ein neues Maß ergibt.

Bild 7.51 Die Normalverteilung muß in
das zulässige Toleranzfeld
gequetscht werden.

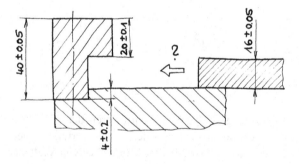

Dazu muß man aus den
Maßangaben mehrerer
zusammengebauter Teile
das *resultierende Größtmaß*
und *Kleinstmaß* einer
Maßkette ausrechnen.

Bild 7.52 Beispiel Schwalbenschwanzführung
– unvorteilhaft konstruiert.
Paßt die Platte in die Schwalbenschwanzführung?

Zur Kontrolle geht man von einer Fläche los, durch die Maßkette durch und kehrt
wieder zur Ausgangsfläche zurück. Je nach Marschrichtung zählen die Maße positiv
oder negativ. (Es ist sehr praktisch, sich für die Berechnung von Maßketten ein
kleines Programm zu schreiben.)

Das *resultierende Größtmaß* ist die Summe aller Größtmaße in positiver Richtung und aller Kleinstmaße in negativer Richtung.

Das *resultierende Kleinstmaß* ist die Summe aller Kleinstmaße in positiver Richtung und aller Größtmaße in negativer Richtung.

Das resultierende Toleranzfeld ist gleich der Summe aller Toleranzfelder.

Man kann auch unsymmetrische Abmaße verwenden.

Man kann auch Nennmaße und Abmaße getrennt summieren.

Das resultierende Toleranzfeld wird um so kleiner, je weniger Maße an der Maßkette beteiligt sind.

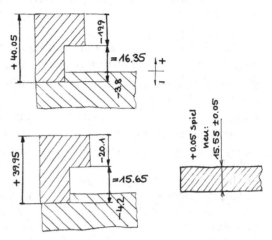

Bild 7.53 Größtmaß = 16,35 mm
Kleinstmaß = 15,65 mm
Auch die dünnste Platte (15.95 mm) paßt nicht immer.
Neues Maß: 15,55±0,05

Damit die Platte mit einem Mindestspiel von 0,05 mm immer paßt, muß sie mit 15,55 ±0,05 bemaßt werden. Das größte Spiel könnte aber auch 16,35 - 15,5 = 0,85 werden. Schlecht. Nun könnte man die Einzeltoleranzen so verringern, daß die resultierende Toleranz 0.1 wird: 0.1 = 2 · (0,015 + 0,015 + 0.02). Ganz schön eng.

Hier hilft jetzt einem der Zufall:
Wenn ein resultierendes Maß sich aus mehreren (i.d.R. 3 oder mehr) Einzelmaßen zusammensetzt, *und* diese Einzelmaße unabhängig voneinander *und* wirklich normalverteilt streuen, *dann* können sich Abweichungen statistisch gegeneinander teilweise aufheben.

Die resultierende Streuung σ ist dann nämlich

$\sigma_{res} = \sqrt{(\sigma_1^2 + \sigma_2^2 + \sigma_3^2 + \ldots + \sigma_n^2)}$

In diesem Fall wäre die resultierende Toleranz (... gilt nicht nur für Streuung):

$2 \cdot \sqrt{(0{,}2^2 + 0{,}05^2 + 0{,}1^2)} = 2 \cdot 0{,}23 = 0{,}46$

Das ist deutlich weniger als mit der linearen / absoluten Tolerierung (0,7).
Sie wäre nochmals kleiner, wenn alle Einzeltoleranzen nicht so unterschiedlich wären.

Wie kommt man (wenn man *statistisch tolerieren* kann) umgekehrt von der erforderlichen resultierenden Toleranz zu den Einzeltoleranzen? Man muß dann die erforderliche resultierende Toleranz quadrieren, durch die *Anzahl* der Maße in der Maßkette teilen und daraus dann die Wurzel ziehen. Das nimmt man als Anhaltswert für die Einzeltoleranzen.

7.6 Freihändige Fertigungszeichnungen

Wer erleben muß, wieviel Zeit die Vorbereitung und Herstellung von CAD-Zeichnungen in Anspruch nimmt, und wieviel einfache Dinge nicht möglich sind, der lernt
die Einfachheit und die unglaubliche Schnelligkeit der freihändigen Fertigungszeichnung schätzen.

CAD:	**Freihand:**
Zeichner unterbrechen oder warten	Vorskizze
Skizze mit Maßen für Zeichner machen	Maßketten rechnen
Aufgabe erklären	dünn vorzeichnen
Zeichnungsdokument organisieren	ausziehen
Teil 3D modellieren	bemaßen
Fertigungszeichnung ableiten	beschriften
bemaßen	kopieren
beschriften	
ausdrucken	
korrekturlesen	
Änderungen besprechen	
Zeichnung verbessern	
ausdrucken	

Wenn man die Wahl hat und es *keinen positiv zwingenden Grund* für eine CAD-
Zeichnung gibt, sollte man freihandzeichnen. Ein weiterer Vorteil: Man kann zu
zweit – mit einem Kollegen oder Kunden – gleichzeitig an einer Problemlösung arbeiten: Schreiben, rechnen, zeichnen.

Lassen Sie sich nicht einschüchtern: Die Handzeichnungen haben denselben Informationsgehalt wie CAD-Zeichnungen und sind – wenn der Zeichner seine Gestal-
tungsfreiheit nutzt – sogar deutlicher. Er muß natürlich darauf achten, daß nicht das
CAD-organisierte Zeichnungssystem in Unordnung gerät und daß er sich nicht um
die Vorteile des CAD (Änderungsmöglichkeit) bringt.

Wolfgang Richter hat in den frühen 1970er Jahren das 3.6 m Teleskop für die ESO
(in La Silla in Chile) konstruiert. Freihändig. Auf DIN A4-Blättern, nach denen gefertigt wurde. Sehen Sie sich das mal an: http://usm.uni-muenchen.de/people/saglia/
dm/heinz/eso.html und http://cerncourier.com/cws/article/cern/50797

Wer ganze Baugruppen konstruieren will, macht vorher eine proportionierte Skizze
der Baugruppe. Die Haupt- und Anschlußmaße muß man als Maßketten ausrechnen.
Sicherer fühlt man sich, wenn man vorher die Hauptmaße der Baugruppe maßstäblich mit Lineal und Geodreieck aufgezeichnet hat. Freihändige Konstruktionen
bergen nämlich das Risiko, daß man räumliche Unverträglichkeiten übersieht.

Die Fertigungszeichnungen kann man mit perspektivischen Details anreichern, um
Zusammenhänge zu erläutern – *sehr* gerne angenommen von ausländischen Ge-
schäftspartnern.

Arbeitsfolge bei Fertigungszeichnungen

1. Je größer das Papierformat (DIN A3), desto besser – man kann die Zeichnung immer noch auf dem Kopierer verkleinern. Großzügige Blattaufteilung mit Hilfe des einhüllenden Quaders: Viel Platz zwischen den Ansichten lassen.

2. Das Teil aus einzelnen Formelementen und Grundkörpern in allen Ansichten gleichzeitig konstruieren. Dabei ganz dünne und schwache Linien verwenden. Symmetrielinien kann man gleich schwarz zeichnen.

3. Schnitte und Ausbrüche festlegen. Schraffieren.

4. Konturen und Kanten breit und schwarz ausziehen. Anstelle einer reinen Bleistiftzeichnung kann man jetzt zum Füller wechseln, oder wenn man einen Kopierer in der Nähe hat, die Zeichnung kopieren. Fehler bei der folgenden Bemaßung lassen sich auf der Tintenzeichnung oder der Kopie leichter radieren.

5. Allgemeine Angaben (Stoff, Oberflächengüte, Wärmebehandlung usw.) unten auf dem Blatt vermerken.

6. Bemaßung aus dem Stehgreif: Maßhilfslinien und Maßlinien und sonstige Symbolik gleich dünn und schwarz einzeichnen. Dabei muß man objektweise vorgehen, d.h. jedes Formelement, jeden Bearbeitungsgang vollständig festlegen, bevor man zum nächsten Objekt übergeht:

   • Wie groß muß das Objekt sein?
   • An welcher Stelle muß es liegen?
   • Ist eine zusätzliche Tolerierung der Form oder der Lage notwendig?
   • Muß eine besondere Oberflächengüte angegeben werden?
   • Wo kann die Oberfläche beliebig / unbearbeitet sein?
   • Wo müssen Grate beseitigt werden?
   • Sind Zentrierbohrungen und Freistiche notwendig?
   • Hinweise für eine zeitsparende Fertigung geben. (Tip: Roter Füller)

   Großzügige, vereinfachte Maßhilfslinien und Maßlinien verwenden. Nichts quetschen, nichts zwingen. Daran denken, daß jedes Maß *immer* aus Nennmaß *und Abmaßen* besteht. Also für jedes Maß vorsichtshalber einen Platz von ca. 20 mm lassen – die Maße werden erst im nächsten Schritt eingetragen. Manchmal endet man bei Platzproblemen. Dann ist Radieren unvermeidlich.

7. Jetzt erst Nennmaße und Abmaße eintragen. Große, deutliche, schwarze Ziffern und Zeichen eintragen. Hinweise und Erläuterungen möglichst mit rotem Füller hervorheben oder 4-Farb-Kugelschreiber benutzen.

8. *Anschauliche* Teilebezeichnung wählen; Projektname und -nummer; Zeichnungsnummer; Zeichnung in die Stückliste eintragen;

9. Datum und Namen deutlich schreiben. Firmenstempel. Copyright-Stempel. "Fixieren" durch Kopieren oder Scannen.

Wenn man nicht nur Einzelteile zeichnet, sondern eine Baugruppe konstruiert, läuft man Gefahr, daß Maße falsch sind, Maße nicht zusammenpassen oder daß sich Teile an Stellen durchdringen, an die man nicht gedacht hat.

Dann sollte man auf einem Blatt DIN A3 "für sich selbst" entweder eine zuverlässige dünne bemaßte Handskizze mit ausgerechneten Kettenmaßen machen oder auch einen maßstäblichen Aufriß mit Lineal und Geodreieck – wir wollen oder können ja nicht den Computer anwerfen. Bei dieser Vorarbeit werden die Teile in der Vorstellung klarer und die folgenden Skizzen noch schneller.

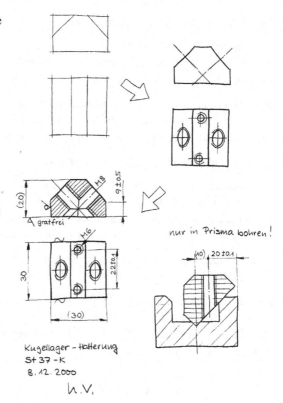

Bild 7.54 Beispiel Fertigungszeichnung: Kugellager-Halterung

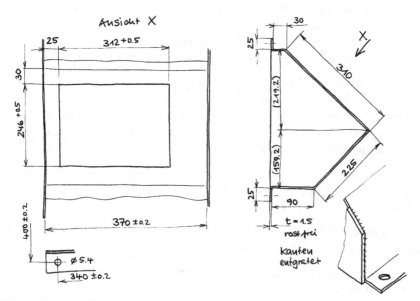

Bild 7.55 Beispiel Fertigungszeichnung: Bedienpult (von Hand 35 min, CAD: 2 1/2 h)

7.7 Maßstäbliche Konstruktionen

Viele Konstruktionsaufgaben werden auf der Ebene der Gestaltung gestellt und gelöst. Eine vorhandene Gestalt – beschrieben durch Stoff, Form und Abmessung – wird zu einer neuen Gestalt weiterentwickelt. Während man also skizzierend nach neuen Formen und Abmessungen sucht und Alternativen vergleicht, ist man darauf angewiesen, seinem Ingenieurgefühl für Herstellbarkeit, Min-destquerschnitte, Montierbarkeit usw. Anhaltspunkte zur Beurteilung geben zu müssen. Die erhält am ehesten bei einer maßstäblichen Darstellung.

Das untenstehende Beispiel (M1:1) zeigt, daß es möglich ist, mit einem trainierten Gefühl für Abmessungen einfache Konstruktionen maßstäblich auszuführen. Es handelt sich um die bekannte Aufgabe, für zwei gegebene Teile eine Schraubenverbindung M16 unter Beachtung genormter Abmessungen und der Mindest-Einschraubtiefe zu konstruieren. Die Maßabweichungen durch das Schätzen sind gering. Das Konstruktionsergebnis ist das gleiche wie unter Zuhilfenahme eines Maßstabes.

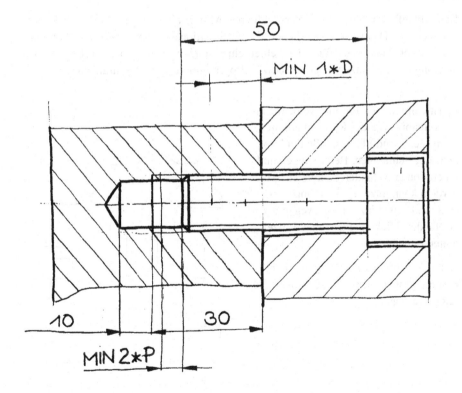

Bild 7.56 Maßstäbliche Konstruktion mit Augenmaß

7.8   Schematische Darstellungen

Wenn man z.B. Meßergebnisse nicht sofort in den Computer eingeben kann und sich trotzdem einen Überblick verschaffen will, benötigt man ein Koordinatensystem.

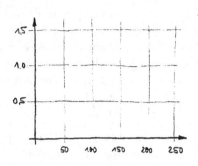

Eine ähnliche Anwendung sind break-even Diagramme, bei denen Investition und variable Kosten über der Stückzahl aufgetragen werden, und bei denen man die Amortisationszeit darstellen kann. Damit man die Punkte auch präzise eintragen kann, darf man nicht nur Achsen zeichnen, sondern man muß ein Netz in einen Kasten zeichnen.

Bild 7.57 Koordinatensystem

Praktisch sind 3er und 5er-Teilungen. Erst den Kasten zeichnen, dann die Kanten teilen (am oberen Rand) und dann das Netz dünn nach unten ziehen. Achsen schwarz nachziehen und beschriften.

Das Ablaufdiagramm ist ein verständliches Mittel, eine Folge von Teilfunktionen darzustellen. Das ist übersichtlicher als ein Funktionsdiagramm. Bei der Automatisierung von Maschinen führt das Fehlen eines solchen Planes unweigerlich zu Mißverständnissen, konzeptloser Geschwür-Programmierung und zeitraubender Fehlersuche.

Es ist empfehlenswert, mit weißem Einwickelpapier von der Rolle zu arbeiten, damit genügend Platz ist, alle Funktionen, Bezeichnungen, Bedingungen und Operationen festhalten zu können. Außerdem kann man falsche Pfade streichen und neue hinzufügen. Wegen der Größe der Zeichnung darf man Einzelheiten radieren.

Nach dem top-down Prinzip arbeiten: Erst die groben Strukturen und dann die feinen festlegen.

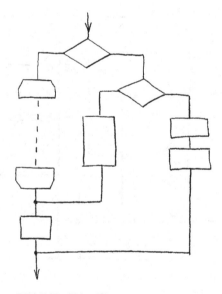

Bild 7.58 Ablaufdiagramm

Elektrische und hydraulische Schaltungen entstehen nicht in einem geradlinigen
Prozeß. Man beginnt auf einer Arbeitsskizze mit den anzutreibenden Elementen, die
man nach und nach zu einer funktionierenden Schaltung verbindet. Die Elemente
sollten unradierbar (in Tinte, Kopie) sein, damit man beim Entwickeln und Probieren die Verbindungen radieren kann. Danach analysiert man (am besten: zu zweit),
ob man technisch oder kostenmäßig etwas verbessern kann. Dabei ist es hilfreich, so
zu zeichnen, wie man denkt: Die Verbindungen können zunächst Mikado-ähnlich
sein. Man darf auch funktionierende Teilbereiche ausschneiden oder existierende
Lösungen einkleben. Umgekehrt: unbefriedigende Teilbereiche herausschneiden und
weißes Papier unterkleben. Wenn die Schaltung zu funktionieren verspricht, malt
man die Leitungen rechtwinklig. Aber bitte nicht zu viele Leitungen parallel im gleichen Abstand: Das Auge wird zum Geisterfahrer. Verbindungen (Punkt) und Kreu-
zungen (Brückenbogen) betonen. Hat man die Elemente im Computer als Makros
gespeichert, gelingt das Zeichnen des endgültigen Planes in akzeptabler Zeit. Als
Grundlage für die spätere Dimensionierung sollte man gleich die Funktionen, technische Daten, Querschnitte, Ströme usw. eintragen.

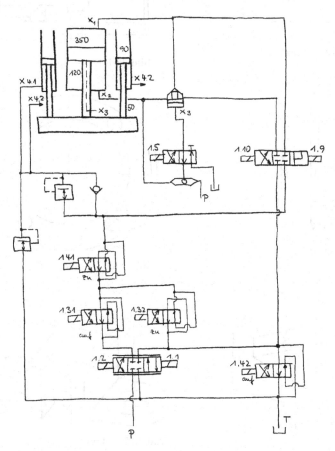

Bild 7.59 Arbeitsskizze

Übungsaufgabe 7.1:

• Zeichnen Sie die Drehteile (Bild 7.60 bis 7.62) in ausreichender Größe und bemaßen Sie sie.

Übungsaufgabe 7.2:

• Zeichnen Sie die Teile in Bild 7.63 bis 7.71 in allen erforderlichen Ansichten und Schnitten
  – am besten auf DIN A3.

• Bemaßen Sie die Bleistift-Originale nicht, sondern kopieren Sie sie erst.

• Üben Sie das Bemaßen auf den Kopien. Vervollständigen Sie die Kopien zu Fertigungszeichnungen.

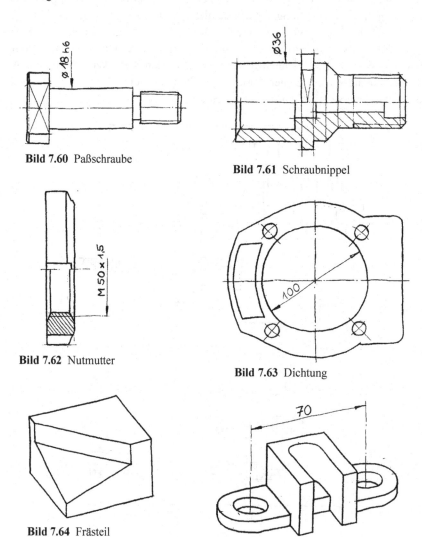

Bild 7.60 Paßschraube

Bild 7.61 Schraubnippel

Bild 7.62 Nutmutter

Bild 7.63 Dichtung

Bild 7.64 Frästeil

Bild 7.65 Führung

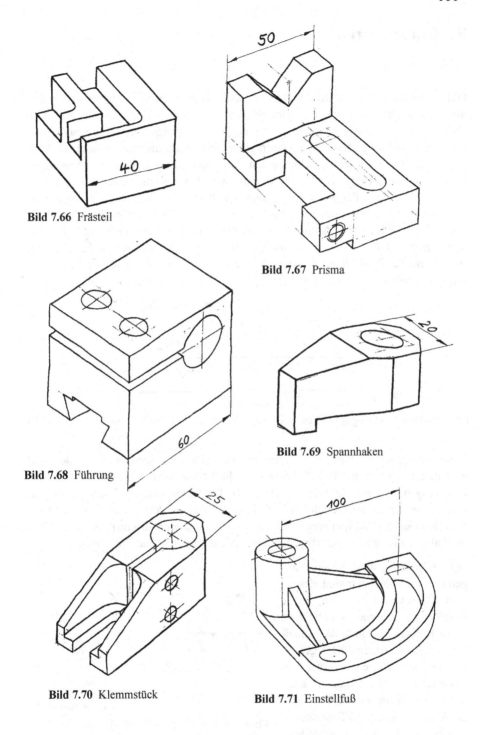

Bild 7.66 Frästeil

Bild 7.67 Prisma

Bild 7.68 Führung

Bild 7.69 Spannhaken

Bild 7.70 Klemmstück

Bild 7.71 Einstellfuß

8 Konstruieren

Das Konstruieren ist wie jeder kreative Prozeß außerordentlich komplex und in seinen Abläufen unvorhersagbar. Es gibt also keine Rezepte und Anleitungen. Sicher ist aber, daß es ein iterativer Prozeß ist, bei dem man unweigerlich auf ergonomische, technische und kaufmännische Unverträglichkeiten stößt, die man dann durch Varianten, Alternativen oder im schlimmsten Fall durch Neudefinition zu lösen sucht. Dem einschlägig Begabten und Erfahrenen macht das Konstruieren Spaß, um so mehr, je wirkungsvoller die dabei benutzten Hilfsmittel sind. Dazu gehören auf jeden Fall die Computersimulation, das Programmieren, das Experimentieren und das Modellieren. Wichtig ist, daß der Konstruktionsprozeß im Fluß bleibt und nicht von ungeeigneten "tools" ausgebremst wird. Damit bleiben Elan und Kreativität erhalten. Bei diesem flexiblen Methodenwechsel ist die Skizze in ihrer Einfachheit und Flexibilität unersetzbar.

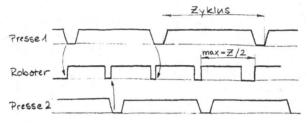

Bild 8.1 Abläufe und logische Zusammenhänge: Synchronisation von 2 Pressen mit 1 Roboter

Es ist ein (gerne) verbreitetes Mißverständnis, daß ein Konstrukteur tolle Ideen hat und alleine vor sich hin tüftelt. Seine Aufgabe ist vielmehr, Wünsche, Wissen und Erfahrungen *anderer* Spezialisten (Vertrieb, Produktdesign, Produktmanagement, Lieferanten, Fertigung, Verfahrenstechnik, Qualitätssicherung, Service und nicht zuletzt: Kunden) in funktionierende und haltbare Produkte umzusetzen. Seine Tüftelei wird also immer wieder unterbrochen durch Abstimmungen und Freigaben.

Je *verständlicher* diese Besprechungen für *alle* Teilnehmer sind, desto mehr können sie zur Lösung von Problemen von *vorneherein* beitragen – der Konstrukteur malt das schnell hin, und die Kollegen dürfen gerne etwas dazumalen. Je gewandter er ist, desto schneller einigt man sich und desto weniger Sitzungen, Rückschläge, Abstimmungen und Freigaben gibt es. Es geht alles viel schneller.

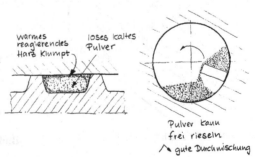

Bild 8.2 Mit Gesprächspartnern diskutieren: Vorwärmung von reaktivem Kunstharzpulver

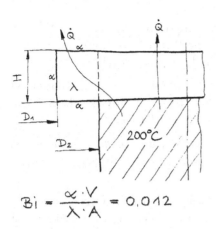

$$Bi = \frac{\alpha \cdot V}{\lambda \cdot A} = 0,012$$

Bild 8.3 Physikalische Zusammenhänge:
Biot-Zahl
Wie groß ist der Temperaturgradient?

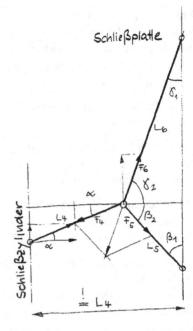

Bild 8.4 Formeln herleiten: Doppelkniehebel

Beim vor-sich-hin-Konstruieren gibt es übrigens das Risiko, daß man den erstbesten Einfall verfolgt und ausarbeitet, um dann am Ende festzustellen, daß ein anderes *Prinzip* einfacher, besser oder preiswerter gewesen wäre. Das sich einzugestehen und "alles wieder zu ändern", kostet verständlicherweise Überwindung.

Deshalb empfiehlt es sich, erst einmal innezuhalten, sich von den ersten Ideen zu lösen und die Konstruktionsaufgabe geordnet anzugehen. Bewährt haben sich die folgende Schritte (Details müssen Sie bei Professor Pahl nachlesen):

1. Eine **Anforderungsliste** machen:
Man fragt sich, was das zu konstruierende Ding können muß und welche Einschränkungen man beachten muß. Neben harten Randbedingungen gibt es auch weiche Ziele, deren Wichtigkeit untereinander sich verschieben kann. Wenn ein Ziel schwierig zu erreichen ist, gibt es ein anderes Ziel, was leichter zu erreichen ist: Der Kompromiß – und in der Technik geht es ausschließlich um Kompromisse – kann trotzdem hochwertig sein. In der Anforderungsliste trägt man alle Muß- und Kann-Bedingungen ein. In der Diskussion um Muß und Kann klärt sich zunächst die Aufgabenstellung. Anforderungslisten leben: Stößt man im Folgenden auf ein ernsthaftes Problem und will man ein Projekt nicht aufgeben, kann es sein, daß man Forderungen abschwächen muß. Es kann auch sein, daß Forderungen nachgeschoben oder verschärft werden. Für die Anforderungsliste gilt umformuliert: "Hat man ein Problem genau beschrieben, hat man es schon fast gelöst."

2. Ein Konzept erarbeiten:

Man benötigt *kein* Konzept, wenn das Funktionsprinzip schon festliegt (Ein Ding braucht einen größeren Elektromotor.) Aber man benötigt ein Konzept, wenn man ein neues Produkt oder einen wesentlichen Teil davon entwickeln muß.

Dazu teilt man *erstens* die gewünschte *Gesamtfunktion* in *Teilfunktionen* auf. (Auto: Passagiere transportieren, bequem sitzen lassen, "Fahrspaß" erleben lassen, vor Wetter schützen, vor Unfällen schützen, Status verleihen usw.)

Funktionen beschreiben *zweitens* abstrakt, *was* ein Ding *tun muß* – nicht, *welche Form es hat.* (Ofen: erwärmen, garen, bräunen, gut aussehen, bequem zu bedienen sein, leicht zu reinigen sein usw.)

Die Unterfunktionen können *drittens* verschieden miteinander verbunden werden. (Zerspanung: Werkzeug fest - Werkstück bewegt, Werkstück fest - Werkzeug bewegt, Werkstück und Werkzeug bewegt usw.)

Funktionen können *viertens* mit verschiedenen physikalischen/chemischen/biologischen Effekten verwirklicht werden. (Wasser reinigen: Filtern, Osmose, Destillieren, neutralisieren, ausfällen, Mikroorganismen, usw.) Übrigens: Wenn man über die Effekte aus der Natur nachdenkt, bleibt einem zur Darstellung nur das Skizzieren.

Zergliedert man eine Konstruktionsaufgabe nach diesen 4 Kriterien und kombiniert man die erhaltenen Bestandteile wieder miteinander, erhält man schnell eine sehr große Zahl von neuen Varianten, auf die man ohne diese Vorarbeit bestimmt nicht gekommen wäre. Leider hat man dann die Aufgabe, diese Vielfalt zu bewerten, um die 2 bis 3 besten Kombinationen wieder herauszufiltern.

Gleichgültig, wie groß der Aufwand für ein Konzept ist: Diese Abstraktion von den realen Dingen verringert das Risiko, daß man sich vorschnell auf eine Lösung mit einem ungeeigneten oder nachteiligen Prinzip festlegt. Wertvoll ist, daß man auf einer theoretischen Ebene erfolgversprechende Vorentscheidungen treffen kann, ohne ein Ding erst vollständig konstruieren und bauen zu müssen:
"Nichts ist praktischer als eine gute Theorie".

3. Entwerfen:

Bedeutet, das Konzept in wirkliche Baugruppen und Maschinenteile umzusetzen. Hat man sich für ein Konzept entschieden (welche Teilfunktionen, welche Kombination von Teilfunktionen, welcher Effekt für welche Funktion), kann man wieder zurückkehren zum Konkreten: Mit welchen Bauteilen realisiere ich die Funktionen, wie sehen die Teile aus, wie baue ich die Bauteile zusammen, wie groß und wie schwer wird das Ding, was leistet es tatsächlich, was kostet es, was verdiene ich damit?

Zunächst wird man sich überlegen, wie man etwas anordnet und welche Gestalt man einem Teil gibt: Man macht einen "groben Entwurf", wie das Ding aussehen könnte. Das ist die Stunde des Kritzelns und Skizzierens – oft bald danach in der Diskussion mit Kollegen und Kunden: Wichtig ist, überhaupt erst einmal irgendetwas zu Papier zu bringen, damit man das Ding untersuchen und in Gedanken testen und verbessern kann. Danach muß man für die Teile Werkstoffe aussuchen, den Teilen Maße geben und Maßtoleranzen festlegen: Dimensionieren.

Wenn schon genügend Daten festgelegt worden sind, kann man nun ein CAD-Modell aufbauen.

Beim Weiterarbeiten ist es normal, daß man auf Hindernisse und Unverträglichkeiten stößt und wieder zurück muß, um den "groben Entwurf" so zu verändern, daß er machbar wird. Gibt es ein CAD-Modell, dann sind geometrische und Maßänderungen einfach. In diesem Stadium sind Änderungen nicht nur unausweichlich, sondern ein Zeichen sorgfältiger Arbeitsweise.

Manchmal steht ein Konstrukteur unter dem Druck, eine schwierige Aufgabe lösen zu müssen. Das kann der Aufgabe liegen oder an seinen Fähigkeiten. Wenn er dann endlich eine Lösung hat, ist er so erleichtert, daß er kritische weitergehende Fragen und mögliche sinnvolle zusätzliche Anforderungen vermeidet. Er verteidigt seine erstbeste Lösung. Das ist gefährlich und für den Kunden unbefriedigend. Nochmal: Änderungen sind ein Zeichen sorgfältiger Arbeitsweise.

4. Fertigungsunterlagen **ausarbeiten:**
Nach dem Entwerfen ist dem Konstrukteur weitgehend klar, wie das neue Ding funktioniert und aussieht. Jetzt muß er es in einer Zeichnung so festhalten, daß es auch tatsächlich in seinem Sinne in einem wirklichen Betrieb hergestellt werden kann. Die technischen Voraussetzungen und die Kosten für die Herstellung können sehr verschieden sein: Je nach Kulturkreis, je nach Land, je nach Betrieb, je nach der Leistungsfähigkeit der Fertigungsmitarbeiter. Bei den Zeichnungen und Fertigungsunterlagen muß ein Konstrukteur darauf Rücksicht nehmen und sich nicht hinter Normen und Vorschriften verschanzen. Manchmal genügt eine flüchtige Skizze, und das Ding ist hinterher noch besser als vorgesehen – manchmal sind die Zeichnungen richtig und normgerecht, und das Ding ist unbrauchbar. Im letzten Fall darf man vorher nicht mit skizzierten, gezeichneten, geschriebenen und mündlichen (= schlecht) Erklärungen sparen.

Aus dem CAD-Modell müssen dann Zeichnungen abgeleitet werden. Dabei gelten die klassischen Regeln des Technischen Zeichnens für Darstellung und Bemaßung. (s. Kap. 7.4)

8.1   Gute Gestaltung

Mit den ersten Strichen auf dem Papier sucht man die Form, die Gestalt des Dinges, welches einem in Gedanken (wo sonst?) vorschwebt. Das Gestalten ist eine Interationsschleife von Darstellen - Überprüfen - Ändern - Überprüfen - Ändern ... bis man überzeugt ist, eine gute Gestalt gefunden zu haben. Zum Überprüfen stellt man sich eine Reihe von Fragen, wie z.B.:

- Ist die Funktion erfüllt?

- Ausnutzung? Wirkungsgrad? Energieverbrauch?

- Welchen Wert hat das Ding für den Kunden?

- Wie wirkt das Ding auf den Kunden?

- Bedienbarkeit? Erkennt der Bediener den momentanen Zustand? Sieht er, was gerade passiert? Erhält er einen deutlichen Hinweis darauf, was er machen soll?

- Haltbarkeit?

- Sicherheit?

- Kann man das Ding während der Fertigung prüfen?

- Kann man das Ding kostengünstig / einfach herstellen?

- Transportierbarkeit?

- Reparierbarkeit?

- Wie kann man das Ding wiederverwenden oder verschrotten?

- zukünftige Entwicklung der Materialkosten? Rohölabhängigkeit?

- Termin? Wann muß das Ding fertig sein?

Diese Fragen / Kriterien widersprechen sich zum Teil und haben je nach Situation verschiedene Gewichte. Seit vielen Jahrzehnten gibt es in fast allen Konstruktionsbüchern Listen mit Regeln und Beispielen; oder Konstruktionshandbücher in den Betrieben. Damit kann man grobe Fehler vermeiden, wenn man selbst nicht so viel Erfahrung hat. Wenn auch lesen nicht so wirkungsvoll wie gelebte Erfahrung ist, verschaffen einem Bücher, die gute und schlechte Gestaltung gegenüberstellen, einen Vorsprung. Interessant und anregend sind die beiden Bücher von Hoenow und Meißner.

Es gibt auch einige, im Prinzip schon von Ferdinand Rethenbacher (in Karlsruhe ±1850) formulierte "Über"-Regeln, die einem die richtige Richtung zeigen. Sie lassen sich aufteilen in 1. technische und 2. "ästhetische" Regeln, wobei die Grenzen dazwischen unscharf sind. Jeder Zeichner oder Konstrukteur entwickelt mit zunehmender Erfahrung seine eigenen Regeln – im Unterbewußtsein.

8.2 Technische Regeln

1. **Einfachheit:** Jeder Aspekt einer Konstruktion läßt sich auf Einfachheit abfragen: Geht es nicht mit weniger Teilen? Brauchen wir diese Funktion? Kann man die Zahl der Flächen (Maße!) reduzieren? Ist eine Form schwierig zu beschreiben? Ist ein Kaufteil einfach zu beschaffen? Ist das Ding einfach zu verstehen?

2. **Eindeutigkeit:** Mehrdeutigkeit und Unklarheit zwingen zu großen Sicherheitszuschlägen - oder führen zu Überraschungen. Deshalb immer fragen: Kann ich die Belastung genau beschreiben? Ist das jetzt wirklich klar? Kann man etwas falsch montieren? Kenne ich den Zusammenhang zwischen Ursache und Wirkung? Kenne ich den Zusammenhang zwischen input und output? Gibt es eine Formel für einen Zusammenhang? Ist ein Teil mechanisch überbestimmt? Ist eine Lage instabil? Ist eine Anordnung "ill-conditioned"? Führen kleine Schwankungen beim input zu großen Schwankungen beim output? Wofür brauche ich an dieser Stelle welches Material: Zur Kraftübertragung? Als Korrosionsschutz? Als Sichtfläche? Zur Wärmeübertragung? Habe ich alles geordnet und dokumentiert?

3. **Sicherheit:** Bin ich mir sicher, daß das Ding auch funktioniert / hält? Was passiert, wenn das Teil kaputtgeht? Ist dann ein Mensch gefährdet? Ist die Umwelt gefährdet? Stimmen meine Vorgaben / Annahmen? Habe ich die Formel verstanden? Kenne ich die Werkstoffeigenschaften? Habe ich an Redundanz gedacht? Habe ich eine Risikoanalyse gemacht? Gibt es bei uns alle Unterlagen zum CE-System? Habe ich die *verstanden*?

Diese Fragen sollte man sich stellen, während man den *gesamten Lebenszyklus* (also z.B. auch Transport, Reparatur, Demontage, Verschrottung) eines Produktes als inneren Film ablaufen läßt. Vielleicht etappenweise. Und nicht nur das Produkt betrachten, sondern auch dessen wirtschaftliche Umgebung (Land, Kultur, Kunde, Preise, Kosten).

Nach diesen 3 simplen Kriterien, die man nicht vergessen kann, kommen etwas konkretere Gesichtspunkte, die man im Unterbewußtsein verankert haben sollte:

4. **Symmetrie:** Sie ist verwandt mit Einfachheit: Einmal denken – zweimal machen. Spart Maße. Vermeidet Verwechslung. Ist unauffällig und natürlich – manchmal aber auch langweilig. Unsymmetrie irritiert den Betrachter.

5. **Sparsamkeit:** Viele unüberlegte Gewohnheiten in der Konstruktion sind verschwenderisch: Sichtkanten fräsen, "mal kurz drüberfräsen", "bei Montage verstiftet" (weil man eine Toleranzkette nicht ausrechnen möchte), viel zu dicke Schrauben, zu viele Schrauben, viel zu große Gewinde-Einschraubtiefen, "Angsttoleranzen", "aus dem Vollen fräsen", unbekannte Oberflächengüten, zu große Bearbeitungszugaben, usw. Und vor allem: Zu großes Gewicht.

Die größte und dümmste Verschwendung steckt hinter:
"Es hat doch bisher gehalten."

Deshalb: Abmessungen gering halten (Habe ich die Spannungen ausgerechnet?). Zwingt mich *ein* Teil, die Nachbarteile größer zu machen? Kann man das und das nicht weglassen? Muß man diese Fläche bearbeiten? Kann ich Teile zusammenfassen? Kann ich ähnliche Teile gleich machen? Kenne ich den *Preis* von dem, was ich da einbaue? Ist der Preis für ein Kaufteil angemessen? Mit wieviel Energie könnte man das Ding theoretisch betreiben – wieviel verbraucht es wirklich? Habe ich überhaupt den Energieverbrauch gemessen?

6. **kurzer Kraftfluß:** Kräfte nicht spazieren führen: Biegebeanspruchung vergrößert die Querschnitte und das Gewicht. Kraftumwege vergrößern die elastische Verformung und verringern Genauigkeit. Kraftumwege sammeln Toleranzen an. Klein und kompakt bauen: Von innen nach außen konstruieren.

7. **Wenig Reibung:** Maschinenbau ohne Reibung ist unmöglich. Aber: Reibung ist ein noch unbefriedigend erforschter Effekt; Reibung bedeutet immer Verschleiß, Energieverlust und begrenzte Lebensdauer.

8. **gleichmäßige Beanspruchung:** Ein Unterthema von Sparsamkeit. Das Material dort hinbringen, wo es zur Kraftübertragung gebraucht wird. Fragen: Was macht das Material an dieser Stelle? Wenn ein Teil dick ist, und das Nachbarteil dünn: Welches von beiden ist gerade ausreichend dimensioniert? Gute Beispiele für gleichmäßige Beanspruchung sind Brücken, Kräne, Druckbehälter, Großserienprodukte, Fluzeugbau.

9. **Bedienbarkeit** ("praktisch"): Möchte *ich selbst* das und das bedienen, bearbeiten messen, montieren, reparieren? Kommt der Bediener in eine unangenehme Situation? Gibt es eine sinnfällige Zuordnung von Taster und Funktion? Bekommt er eine Rückmeldung, eine Reaktion, wenn er auf einen Knopf gedrückt hat? Bekommt er eine Erklärung, wenn er einen Knopf gedrückt hat *und nichts passiert*? Würde sich der Bediener über das und das freuen?

10. **Schönheit** (ein Meta-Ziel für Einfachheit): Fließen Kräfte, Energie, Stoffe, Informationen usw. eindeutig und harmonisch? Sieht das Ding glatt und harmonisch aus? Gibt es Vorsprünge und Ecken, die man noch einebnen könnte? Paßt die Form und die Farbe zum Prozeß? Merkt der Betrachter, daß ich mir Mühe gegeben habe?

Beispiele

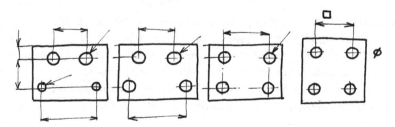

Bild 8.5 Ein Teil schrittweise vereinfachen mit immer weniger Maßen

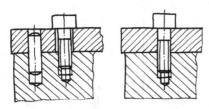

Bild 8.6 vereinfachen: Manchmal kann auch eine Schraube positionieren

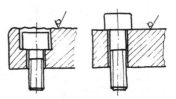

Bild 8.7 Bearbeitung sparen: Manchmal ist die Ebenheit der Oberfläche ausreichend

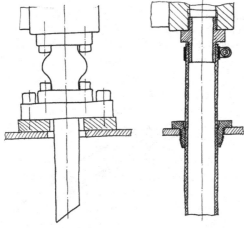

Bild 8.8 vereinfachen: teure Teile einsparen

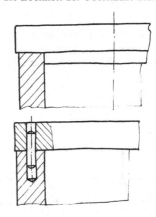

Bild 8.9 Bei großen Teilen ist ein Zentrierbund schwer und teuer und vielleicht auch nicht notwendig.

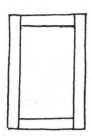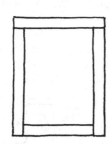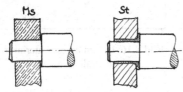

Bild 8.10 "Einfach": *links* nur 2 Längenmaße, *Mitte* 3 Längenmaße, *rechts* 12 Sägeschnitte anstelle von 4

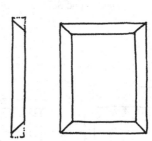

Bild 8.11 "Eindeutig": nur das Material, was man für die Funktion benötigt; nur an der Stelle, wo man es braucht.

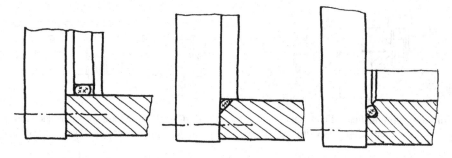

Bild 8.12 Nut für O-Ring schrittweise vereinfachen:
Mitte: Dreiecksnut funktioniert auch – der Bund wird kleiner
rechts: die Druckverhältnisse erlauben, den Bund wegzulassen

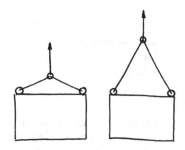

Bild 8.13 Sicherheit: Können Sie die
Haken- und Seilkräfte einzeichnen?

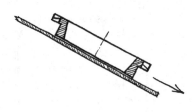

Bild 8.14 Sicherheit: Rutscht das Teil
wirklich immer?

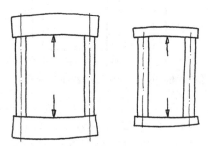

Bild 8.15 Kräfte auf Umwegen
spazierenführen kostet Gewicht

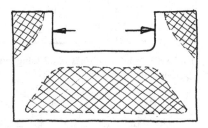

Bild 8.16 Ungenütztes Material in der
neutralen Faser

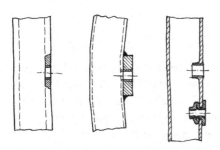

Bild 8.17 Material nur dort anbringen,
wo man es braucht

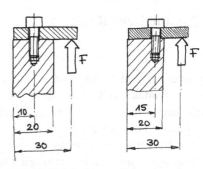

Bild 8.18 Hebelwirkung: Schraube nah an
die Kraft bringen (Sicherheit)

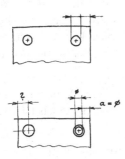

Bild 8.19 Fleisch um Schrauben
herum: nicht zuviel – nicht zuwenig

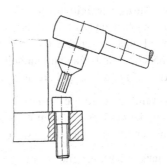

Bild 8.21 Sicherheit: Wird diese
Schraube korrekt angezogen werden?

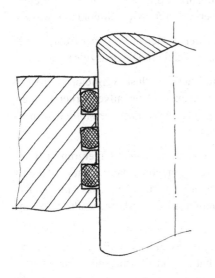 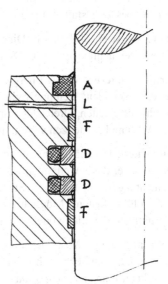

Bild 8.22 links: natürlich funktioniert das – aber wie lange?
rechts: saubere Aufgabenteilung – 10-fache Haltbarkeit

8.3 Ästhetische Regeln

Je näher ein Produkt dem Endverbraucher kommt, desto mehr ist es gestaltet. Ungestaltete Produkte verkaufen sich schlecht. Aber auch Investitionsgüter werden unbewußt nach ästhetischen Erwägungen gekauft – ohne daß es jemand zugeben würde. Es kommt vor, daß dagegen handfeste technische Nachteile in den Hintergrund treten. Deshalb ist es sinnvoll, gute technische Eigenschaften auch mit ästhetischer Gestaltung zu unterstreichen: Sorgfalt und Kompetenz ausdrücken, eine emotionale Beziehung zum Bediener aufbauen, Irritationen vermeiden, usw. Ästhetik darf auch etwas kosten, weil sie den Wert eines Investitionsgutes steigert.

1. **Unordnung vermeiden:** Formen wiederholen, Elemente (Fenster, Türen) gleich groß machen und fluchten lassen, Flächen gliedern und strukturieren, durchgehende Linien, erkennbar durchgehende Gestaltungsprinzipien; kein Wirrwarr von Schläuchen und Kabeln; einheitliche Winkel; interessante (nicht immer nur RAL7035) und wenige Farben.

2. **Ebenmäßig, glatt gestalten:** Nichts vorstehen lassen: keine Vorsprünge und Ecken, keine Schraubenköpfe, keine Klötzchen und Winkel; Glatte Oberflächen; Konturen glätten; Kästen vorsichtig runden.

3. **Gleichgewicht, Logik:** Keine Kopflastigkeit, Symmetrie anstreben; Schweres *darf* schwer wirken und Leichtes *muß* leicht wirken; keine Leere verkleiden;

4. **Ehrlichkeit:** Nichts beschönigen, was schlecht gemacht ist. Eine Schweißnaht nicht überflexen – lieber sauber schweißen. Eine häßliche Form nicht verkleiden – lieber besser gestalten. Kaufteile nicht überlackieren. Nicht imponieren wollen.

5. **Keine Angst einflößen:** Ein Ding klein machen, ... leicht, ... transparent, ... hell (Farbe, Beleuchtung), ...leise; Dinge zeigen; unsichtbare Dinge anzeigen.

6. **Lärm reduzieren:** Wenig Energie einsetzen; Energieverluste vermeiden; Drosselstellen vermeiden; Reibung reduzieren; Resonanz und Schallverstärker kennen; Geschwindigkeiten, Drehzahlen und Drücke verringern; Kompressibilität vermeiden. Manche Frequenzen stören, manche nicht.

7. **Sauberkeit:** Unschädlichen Staub nicht auf kontrastierendem Untergrund hervorheben – aber doch, wenn man Reinigung anregen möchte. Staub absaugen. Wenig (Staubablagerungs-)Flächen. Statische Aufladung vermeiden: Glas statt Kunststoff. Flüssigkeiten: Mögliche Leckagestellen nicht verbergen. Produkt und Produktreste räumlich voneinander trennen.

8. **Nicht langweilig:** Wenn Ordnung, Glattheit und Symmetrie auf die Spitze getrieben werden (was technisch seine Vorteile hat), wirkt das manchmal langweilig. Dann kann man *zum Schluß* darüber nachdenken, wie man z.B. Ordnung wieder aufbricht, ohne der technischen Gestaltung zu schaden. Allzu glatte und große Flächen kann man wieder beleben, indem man Verborgenes wieder hervorholt.

Zu kastige Formen kann man durch Abschrägen oder Runden schöner machen. Langweilige Symmetrie läßt sich mit kleinen Änderungen beleben – das Augenmaß ist sehr aufmerksam.

Beispiele:

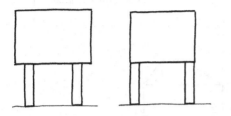

Bild 8.23 Glatte Silhouetten – das Auge nicht
zickzacken lassen

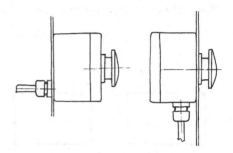

Bild 8.24 Klemmenkästen *hinter*
der Verkleidung anordnen

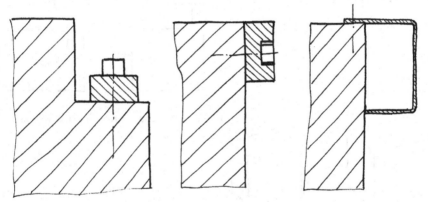

Bild 8.25 Konturen glätten – das ist auch gut gegen Schmutz

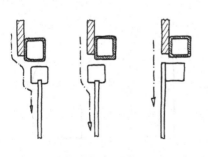

Bild 8.26 Türen und Fenster bündig mit der
Verkleidung – das mag das Auge

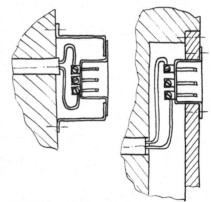

Bild 8.27 Vorstehendes einlassen

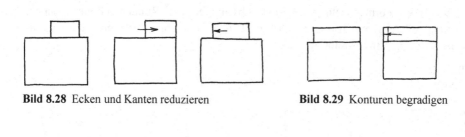

Bild 8.28 Ecken und Kanten reduzieren   **Bild 8.29** Konturen begradigen

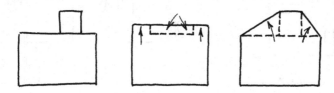

Bild 8.30 Konturen und ihren Inhalt "kneten"

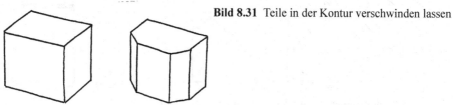

Bild 8.31 Teile in der Kontur verschwinden lassen

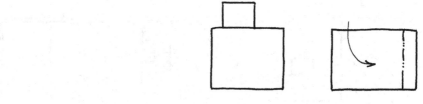

Bild 8.36 Schrägen verkleinern optisch

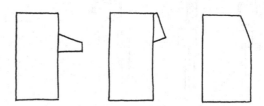

Bild 8.33 versuchen, nichts vorstehen zu lassen

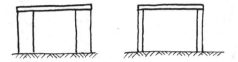

Bild 8.34 unglaubwürdige Dimensionierung

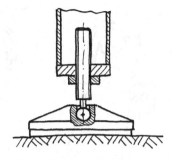

Bild 8.35 Mechanisch korrekte, aber optisch enttäuschende Dimensionierung

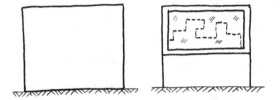

Bild 8.38 Transparenz wirkt nicht so wuchtig

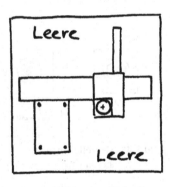

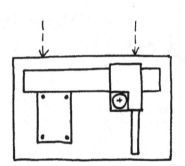

Bild 8.37 Verkleidungen: Keine Leere verpacken

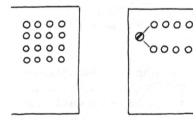

Bild 8.40 Tastenfriedhöfe?
Besser: Funktionen gruppieren

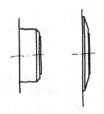

Bild 8.39 Warum müssen Taster immer vorstehen?

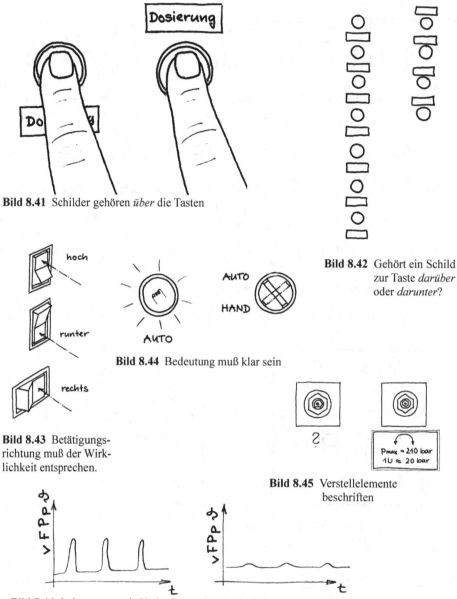

Bild 8.41 Schilder gehören *über* die Tasten

Bild 8.42 Gehört ein Schild
zur Taste *darüber*
oder *darunter*?

Bild 8.44 Bedeutung muß klar sein

Bild 8.43 Betätigungs-
richtung muß der Wirk-
lichkeit entsprechen.

Bild 8.45 Verstellelemente
beschriften

Bild 8.46 *links*: ungesunde Verläufe von Geschwindigkeit, Kraft, Leistungsaufnahme,
Temperatur; *rechts*: besser

Wenn man überlegt (und) gestaltet, ersetzt das nicht die Arbeit eines Industriedesig-
ners – aber man verhütet das Schlimmste. Um Lärm und Energieverbrauch muß man
sich gleich am Anfang kümmern. Ästhetische und technische Gesichtspunkte fördern sich meistens gegenseitig.

Ästhetik ist Geschmackssache: Es darf am Ende nur *einer* entscheiden.

8.4   Technische Details: teuer - fehlerhaft - unüberlegt

Konstrukteure verwenden beim Detaillieren über-
lieferte und unüberlegte Stereotype, die sie nicht
"hinterfragt" haben. (Dazu gehört auch das
unkritische Verwenden von Normen.)
Das führt zu unnötigen Fehlern und unnötig hohen
Kosten. Manchmal werden auch unangenehme
Nachschlage- und Rechenarbeiten vermieden, die
dann als Anpassungsarbeiten die Kosten in der
Fertigung in die Höhe treiben.

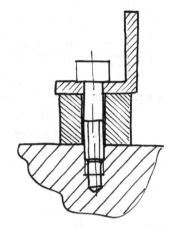

Bild 8.47 Klötzchen und Winkel
als Denkmal: "Ich habe nicht
gut genug nachgedacht."

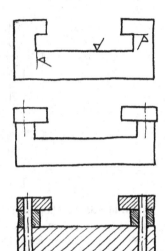

Bild 8.48 Aus dem Vollen gefräste
Schwalbenschwänze lassen
sich vereinfachen.

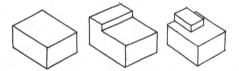

Bild 8.49 je mehr Flächen, desto mehr Maße,
desto höher die Kosten

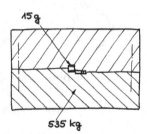

Bild 8.50 So ein kleines Teil und so ein großes
Werkzeug: Da kann etwas nicht stimmen.

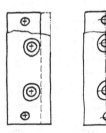

Bild 8.51 Bohrungen in einer Flucht
heißt: weniger Maße

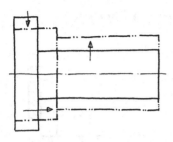

Bild 8.52 Bei Flanschen aus dem Vollen
wird das meiste Material
zerspant und weggeworfen.

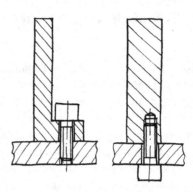

Bild 8.53 Angefräster Flansch aus dem Vollen

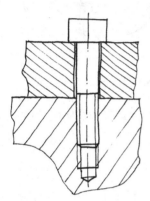
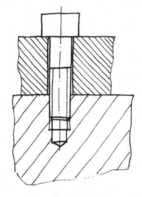

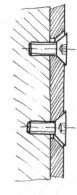

Bild 8.54 unnötig lange Schrauben sind nicht sicherer,
aber teuer: tiefer bohren, länger gewinden,
länger einschrauben, länger rausschrauben

Bild 8.55 Senkkopfschrauben
passen nie und
lassen sich nicht lösen
(kleinerer Inbus)

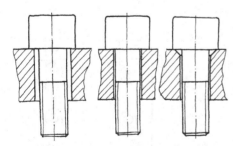

Bild 8.56 Billige Inbusschlüssel
können die Schrauben
kaputt machen.

Bild 8.57 Wenn es irgend geht, kleinere als
die genormten Durchgangsbohrungen wählen,
sonst wird Unterkopfpressung groß
>> Setzen >> Verlust der Vorspannkraft
Genauso schädlich: zu großes Senken!

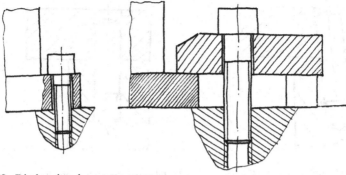

Bild 8.58 Direkt schrauben statt pratzen

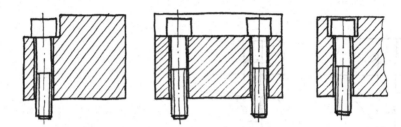

Bild 8.59 Nicht so viel zerspanen, um Schraubenköpfe zu verstecken

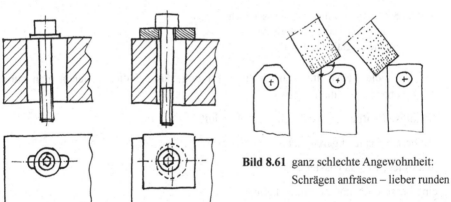

Bild 8.61 ganz schlechte Angewohnheit:
Schrägen anfräsen – lieber runden

Bild 8.60 Tiefe schlanke Langlöcher sind teuer
Besser: durch Bohrungen ersetzen

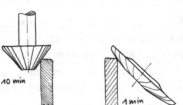

Bild 8.62 teuer: Kanten mit dem Fräser brechen.
Besser feilen oder sorgfältig flexen

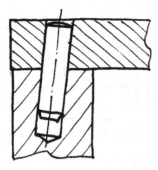
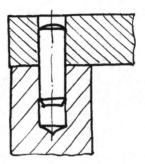

Bild 8.63 "Bei Montage verstiftet" :
Austausch nicht möglich

Bild 8.64 Verstiften nur, wenn beide Teile
genau (Austausch) gefertigt werden

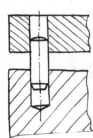
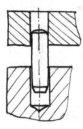

Bild 8.65 Paßstifte: Bohrungen müssen nicht immer
gerieben werden – oft reicht
eine sorgfältige Bohrung

Die Beispiele stehen nur stellvertretend für ungezählte Fälle, in denen man durch
das Innehalten und die Fragen

"Ist diese Bearbeitung wirklich gerechtfertigt?"

"Habe ich das nachgerechnet?"

"Weiß ich, was da passiert?"

eine bessere Lösung gefunden hätte.

Durch dieses ständige Fragen kann man versuchen, sich nicht von dem unbekannten
und unsichtbaren Optimum zu entfernen. Es kann passieren, daß man nur ein relati-
ves oder lokales Optimum erreicht. Das läßt sich vermeiden, wenn man größere Bereiche der Konstruktion mit einbezieht: Eine lokale Billiglösung kann zu einer "glo-
balen" Verteuerung führen, wie auch eine teure lokale Lösung eine globale Kosten-
ersparnis bringen kann.

Mehr Beispiele: Hoenow – Meißner

9 Perspektive

Technische Gebilde wurden bis ins 19. Jahrhundert wirklichkeitsnah, nämlich perspektivisch dargestellt. Der Personenkreis, der im 18. Jahrhundert Darstellungen in senkrechter Parallelprojektionen bei der täglichen Arbeit nutzte und sie hätte begreifen können, bestand im wesentlichen aus zivilen und militärischen "Architekten" und war sehr klein.

Um also einen größeren Personenkreis, Geldgeber auf der einen und ausführende Handwerker auf der anderen Seite, ansprechen zu können, war für die Erfinder von Maschinen die perspektivische Darstellung wegen ihrer Verständlichkeit obligatorisch. Notwendige Details wurden vergrößert oder zerlegt dargestellt. Maßangaben beschränkten sich auf Hauptmaße. Die Handwerker, die mit der Anfertigung von Maschinen, Vorrichtungen und Werkzeugen beauftragt wurden, besaßen umfangreiche Fachkenntnisse, so daß ihnen anhand der Bilder nur noch das Funktionsprinzip, eine besondere Anordnung oder Gestalt vermittelt werden mußte.

Mit der Industrialisierung und der damit verbundenen Arbeits- und Wissensteilung mußten in den Fertigungsdokumenten so viele Daten untergebracht werden, daß die natürliche, perspektivische Darstellung dafür zu eng wurde. Die Lösung war die senkrechte Parallelprojektion, die das technische Gebilde von allen Seiten zeigen konnte und beliebig viele Schnitte erlaubte.

Ein weiterer Vorteil war die Maßstäblichkeit, da die Festigkeitsrechnung sehr entwickelt war und sich häufig auf zeichnerisch ermittelte Werte stützte. (Kräfte, Momente, Flächen, Trägheitsmomente usw.)

Der deutlich gestiegene mentale Aufwand zum Verständnis einer "3-Ansichten-Zeichnung" wurde vorübergehend durch Spezialisierung aufgefangen – für Gußspezialisten ist eine Gußzeichnung eben nicht schwierig.

Wie weit man sich mit der 3-Ansichten-Zeichnung schon von den Möglichkeiten eines Durchschnittstechnikers entfernt hatte, mag das Beispiel der US-amerikanischen Rüstungsindustrie im 2. Weltkrieg zeigen. Ungelernte und fachfremde Arbeiter mußten komplizierte Waffen, Flugzeuge, Panzer und Schiffe zusammenbauen. Für die Arbeitspläne wurden deshalb "pictorial drawings" verwendet. Diese Zeichnungen wurden zunächst mit Hilfsmitteln ("with instruments") gezeichnet, wegen der großen benötigten Mengen später fast nur noch freihändig. Ihre natürliche Wirkung wurde häufig durch Schattierungen verstärkt. Interessant ist, daß sie zu Arbeitsmitteln der Ingenieure und Techniker untereinander wurden.

So können wir auch nachvollziehen, warum einige Branchen für ihre perspektivischen Zeichnungen bekannt sind: Luft- und Raumfahrt, Rüstung, Automobilindustrie. Fest etabliert sind perspektivische Illustrationen in Reparatur- und Wartungsanleitungen, weil sich dadurch der Schulungsaufwand für Servicepersonal (man denke an die ständigen Änderungen) deutlich reduzieren läßt.

Andere Einsatzgebiete perspektivischer Zeichnungen sind Bereiche, wo sich die Arbeits- und Wissensteilung der Serienfertigung nicht durchsetzen konnte, wie Entwicklung, Versuch, Musterbau, Einzelfertigung usw.

Ausbildungsstand und Vorliebe der dort tätigen Mitarbeiter würden es erlauben, mit natürlichen, perspektivischen Darstellungen und entsprechend reduziertem Zeichnungsaufwand zu arbeiten.

Als spontane Zeichnung beim Konstruieren und Argumentieren würde jeder eine perspektivische Zeichnung statt einer 3-Ansichten-Zeichnung wählen – wenn er es denn handwerklich beherrschen würde. Denken Sie an Ihre Gesprächspartner: Die meisten können sich ein Ding aus einer 3-Ansichten-Zeichnung nicht vorstellen.

Normale Fertigungszeichnungen werden deutlicher, wenn man sie mit kleinen unbemaßten Detail-Perspektiven anreichert, als Hinweise für die Fertigung, die Montage, die Bedienung, für eine Reparatur. Auch Schnitte kann der Betrachter besser einordnen, wenn sie Teil einer perspektivischen Skizze sind.

Das räumliche Skizzieren ist nicht schwierig: Gemessen am Lernaufwand, der bis zur Beherrschung der 3-Ansichten-Zeichnung betrieben werden muß (falsch geklappt, falsch geschnitten, fehlende (auch umlaufende) Kanten usw.), ist der Lernaufwand für die perspektivische Zeichnung nicht groß. Er beschränkt sich darauf, die Richtung und die Verzerrung der Körperkanten ermitteln zu können.

Hinsichtlich der mentalen Belastung sind beide Darstellungsarten vergleichbar: Die *ebene* Darstellung erfordert Koordinationsleistungen durch die Projektion in mehrere Ansichten. Die *räumliche* Darstellung erfordert eine nicht ins Gewicht fallende Vorarbeit zur Ermittlung von Richtung und Verkürzung der Koordinatenachsen. Danach kann man dann weiterskizzieren und konstruieren wie in den ebenen Darstellungen.

9.1 Vorteile der Perspektive

1. Sie entspricht am Ehesten dem räumlichen Vorstellungsvermögen. Es entfallen die gedanklichen Transferleistungen, die für 3-Ansichten-Darstellung erforderlich wären. Ebene Darstellungen, bei denen man mehrere Ansichten im Kopf zu einem räumlichen Gebilde zusammenfügen muß, werden von Personen ohne technische Ausbildung nicht begriffen.

2. Die räumliche Darstellung ist – entsprechende Übung vorausgesetzt – weniger aufwendig als eine 3-Ansichten-Zeichnung (weniger Linien, weniger Koordination zwischen den Ansichten).

3. Infolge der gedrängten Darstellungsweise muß sich der Zeichner immer wieder überlegen, welche Einzelheit noch zum Verständnis des Betrachters notwendig ist. Es werden keine unnötigen und ablenkenden Einzelheiten gezeichnet.

4. Sie gewährleistet eher die Kontrolle räumliche Verträglichkeit, da immer 3 Seiten eines Körpers unmittelbar miteinander verknüpft sind.

5. Sie fördert das Denken in Objekten, weil ein fehlerfreier Aufbau der Zeichnung anders nicht gelingt.

6. Gegenüber der Fotografie hat sie den Vorteil, daß sie durch Übertreibung oder Vereinfachung leicht das Wesentliche zeigen kann (die Fotografie muß aufwendig retuschiert werden). Außerdem ist sie (als Teil eines betrieblichen oder wissenschaftlichen Dokumentes) einfacher zu vervielfältigen.

7. Das berühmte räumliche Vorstellungsvermögen ist nicht nur Voraussetzung, sondern auch Ergebnis von geübtem räumlichen Skizzieren.

8. Nicht zuletzt: Eine perspektivische Skizze oder Zeichnung vermittelt immer den Eindruck ingenieurmäßiger Gewandtheit und Glaubwürdigkeit.

Beim klassischen Zeichnen am Brett war Perspektive schwierig. Es gab die akzeptable Isometrie (30° / 30°), die aber manchmal Mißverständnisse erzeugte mit zusammenfallenden Linien, die nichts miteinder zu tun hatten. Außerdem gab es die "Krücke" Dimetrie (7° / 42°), die unter den nicht rastenden Winkeln, den 2 verschiedenen Maßstäben und den Beinahe-Kreisen litt. Das gibt es beim Freihandzeichnen nicht mehr. Man muß es nur einmal nachgemacht und verstanden haben, wie man das Koordinatensystem für *beliebige* Betrachtungsrichtungen konstruiert – das ist nicht schwer und geht schnell. Nach ein paar dieser Konstruktionen bekommt man auch ein passables Gefühl für die Richtung der Achsen, so daß man später auch ohne diese kleine Vorarbeit auskommt.

9.2 Projektionsarten

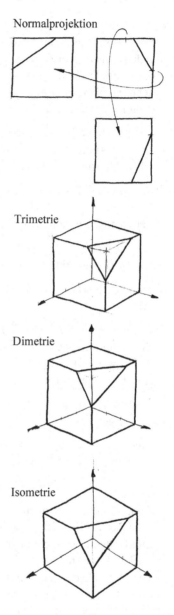

Die Methode, einen Gegenstand in den beim Technischen Zeichnen üblichen Ansichten darzustellen, wird rechtwinklige Parallelprojektion genannt oder kurz Normalprojektion, weil die Betrachtungsrichtung jeweils der Normalen der Hauptebenen des Koordinatensystems entspricht.

Die Vorteile der Normalprojektion sind, in den Ansichten wahre Längen abgreifen und in mehreren Ansichten mehr Daten unterbringen zu können. Ein Nachteil ist der Aufwand zur Umsetzung einer räumlichen Ansicht in mehrere Ansichten und umgekehrt.

Neigt man die Betrachtungsrichtung gegen die Hauptebenen, erhält man eine axonometrische Projektion, bei der man 2 oder 3 Ansichten gleichzeitig sieht. Sie ist auch eine Parallelprojektion. Die axonometrische Projektion wird allgemein als Parallelperspektive bezeichnet. (In der Architektur wird die Zentralperspektive oder Fluchtpunktperspektive bevorzugt.)

Durch die Neigung der Betrachtungsrichtung erhält man unterschiedliche Abbildungsmaßstäbe längs der Koordinatenachsen. Die Abmessungen eines Gegenstandes erscheinen verkürzt.

Im allgemeinen Fall ergeben sich in jeder der 3 Koordinatenachsen 3 verschiedene Abbildungsmaßstäbe: **Trimetrie.**

In bestimmten Betrachtungsrichtungen haben 2 Achsen den gleichen Abbildungsmaßstab; insgesamt gibt es also 2 verschiedene Abbildungsmaßstäbe: **Dimetrie.**

In bestimmten Betrachtungsrichtungen ergibt sich für alle Achsen derselbe Abbildungsmaßstab: **Isometrie.**

Der Kürze halber nennen wir im Folgenden die Betrachtungsrichtung: Blickrichtung.

Bild 9.1 Projektionsarten

9.3 Blickrichtung

X-, Y- und Z-Achse müssen in einer bestimmten
Orientierung zueinander ("Rechtssystem") stehen.
Eine neutrale Blickrichtung, um dieses System zu
betrachten, ist wohl die auf den Ursprung zeigende
Raumdiagonale eines in das System eingefügten
Würfels.

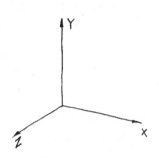

Bild 9.2 X-Y-Z-Koordinatensystem

Andererseits kann man das gewohn-
te ebene System der X- und Y-Achse als eine Art Projektionsleinwand
auffassen und die zugehörige Blickrichtung als Ausgangspunkt für die
Beschreibung der Blickrichtung für
eine perspektivische Darstellung annehmen.

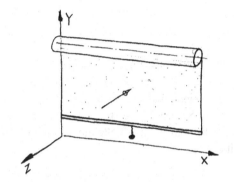

Bild 9.3 Die Z-Koordinate kommt zum gewohnten
Bild hinzu

Zur Beschreibung der Blickrichtung
genügen 2 Winkel:

Höhenwinkel α für die Abweichung
von der Horizontalen;
positiv, wenn man von oben blickt,
negativ, wenn man von unten blickt.

β für die Richtung, in der man
schaut.

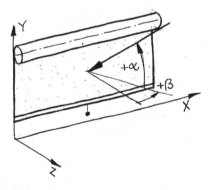

Bild 9.4 Definition der Blickrichtung

Die durch den Winkel β gegebene Blickrichtung kann man plastischer durch eine Himmelsrichtung beschreiben, ausgehend von der Konvention, daß auf den meisten Landkarten Norden oben liegt bzw. vom Betrachter weg weist. Es gelte also die willkürliche Vereinbarung, daß Norden immer in negativer Z-Richtung liege:

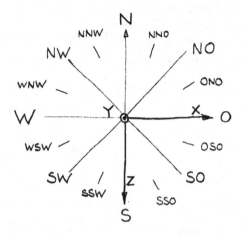

Bild 9.5 Die Himmelsrichtungen

Demnach sieht man die Leinwand in Bild 9.3 aus Südsüdost, Höhenwinkel +30°; oder kurz: SSO, +30°. In Bild 9.4 sieht man sie dann aus SSW, +30°.

Mit solchen Angaben erhielte man dann z.B. folgende Ansichten des Koordinaten-dreibeines:

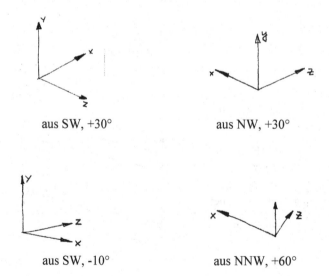

aus SW, +30°   aus NW, +30°

aus SW, -10°   aus NNW, +60°

Bild 9.6 Verschiedene Blickrichtungen auf das Koordinatendreibein

Übungsaufgabe 9.1:

• Identifizieren Sie in den folgenden Koordinatendreibeinen die X- und die Z-Achse, wenn die Y-Achse immer die senkrechte ist.

• Schätzen Sie die Blickrichtung (Himmelsrichtung, Höhenwinkel).
  Der Höhenwinkel ist positiv.   Auflösung S. 132

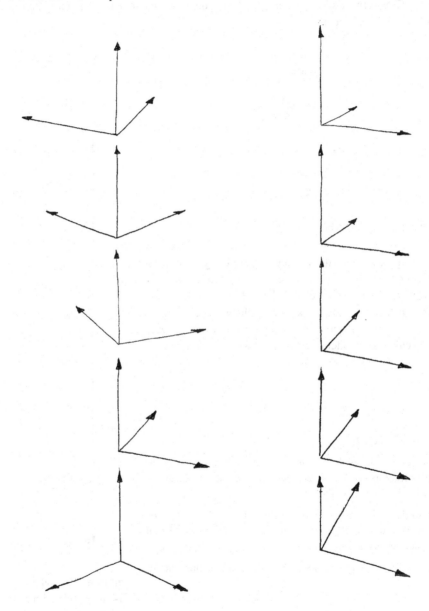

Bild 9.7 Bestimmung der Blickrichtungen auf das Koordinatendreibein

9.4   Richtung und Länge der Achsen

Das Hauptproblem der perspektivischen Darstellung ist, realistisch einzuschätzen, wie die Koordinatenachsen bei einer Veränderung des Blickwinkels ihre *Richtung* und ihre *Länge* ändern. Als Einstieg empfiehlt sich das zeichnerische Experimentieren mit dem Koordinatendreibein.

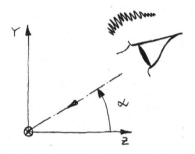

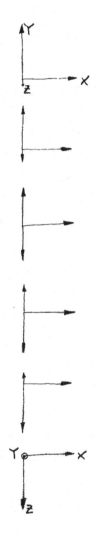

Bild 9.8   Blick auf das Koordinatendreibein

Wie ist Einfluß des Höhenwinkels auf die Länge der Achsen?
Ausgehend von der Ansicht aus S, 0° konstruiert man sich das
Koordinatendreibein für verschiedene Höhenwinkel.
Der perspektivische Eindruck ist zunächst noch gering.
Man erfährt, daß sich je nach Höhenwinkel bestimmte Achsen
überraschend stark oder überraschend wenig verkürzen.

Übungsaufgabe 9.2:

• Konstruieren Sie ähnlich wie in Bild 9.9 eine Folge von Ansichten des Koordinatendreibeines; aber aus O, mit den Höhenwinkeln 10, 30, 45, 60, 80 und 90°.

• Konstruieren Sie die Winkel durch wiederholtes Teilen des Rechten Winkels und überlegen Sie sich eine Konstruktion zur Ermittlung des benötigten Sinus/Cosinus.

• Die unverzerrte Achsenlänge des Koordinatendreibeins betrage ca. 30 mm.

Bild 9.9   Wie sich die
Y- und Z-Achse mit dem
Höhenwinkel verändern

Einfluß des Höhenwinkels auf die
Richtung der Achsen:

Dazu wiederholt man die Variation
des Höhenwinkels; Blickrichtung ist
einmal aus SW (links) und einmal aus
SO (rechts).

Die Konstruktion will bedacht sein:
Leider ändert sich nicht nur
die *Richtung* der Achsen, sondern
gleichzeitig auch die *Länge*.

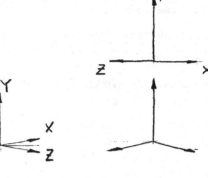

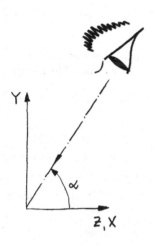

Bild 9.10 Blick auf das Koordinatendreibein

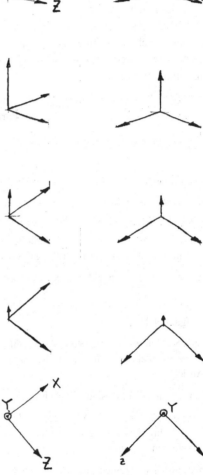

Bild 9.11 Wie sich die Richtung und die Länge
der Koordinatenachsen mit dem Höhenwinkel verändern

Man sollte sich folgende Zusammenhänge einprägen:

Je flacher man auf die X-Z-Ebene draufsieht, desto weniger ist
die Y-Achse verkürzt und desto
mehr nähert sich der Winkel
zwischen X- und Y-Achse 0
bzw. 180°.

Wenn man fast senkrecht auf die
X-Z-Ebene draufsieht, ist die Y-
Achse fast auf 0 verkürzt und desto mehr nähert sich der Winkel
zwischen X- und Y-Achse 90° -
allerdings einmal von oben und
einmal von unten.

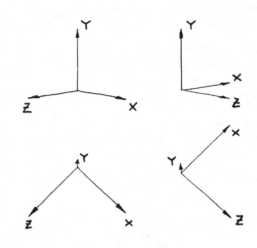

Bild 9.12 Die Winkel zwischen den Achsen
dürfen nicht genau 0, 90 oder 180° betragen

Übungsaufgabe 9.3:

• Konstruieren Sie eine Folge von Ansichten des Koordinatendreibeines aus NO, mit den Höhenwinkeln 11, 22,5, 45, 67,5 und 90°.

• Konstruieren Sie die Winkel durch wiederholtes Teilen des Rechten Winkels und überlegen
  Sie sich eine Konstruktion zur Ermittlung des benötigten Sinus/Cosinus.

• Die unverzerrte Achsenlänge des Koordinatendreibeins betrage ca. 30 mm.

Übungsaufgabe 9.4:

• Betrachten Sie den Würfel von SO und konstruieren Sie
  für die Höhenwinkel 0, 15, 30, ... , 90° die perspektivischen Ansichten.

• Ermitteln Sie Sinus und Cosinus grafisch.

• Kleben Sie evtl. 2 Bogen DIN A4 untereinander, um die
  Bildfolge mit ihren Änderungen von Winkeln und Längen gut verfolgen zu können.

• Konstruktion mit sehr feinen Linien.

• Ziehen Sie die Würfel anschließend breit und schwarz
  aus.

Bild 9.13 Testwürfel

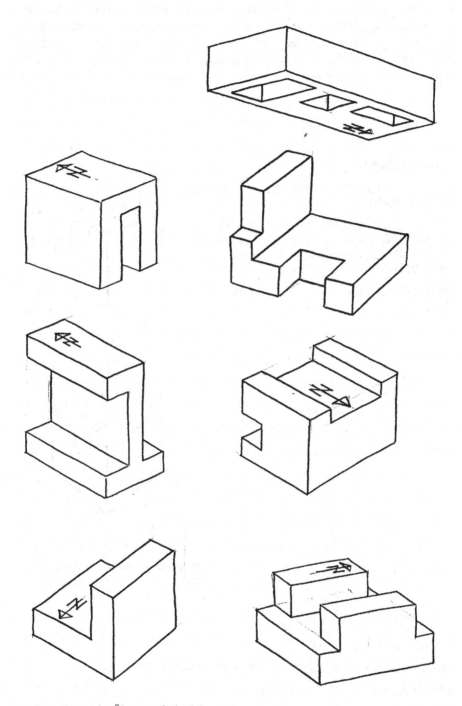

Bild 9.14 Körper für Übungsaufgabe 9.5

Wenn man die bisherigen Übungsaufgaben durchgearbeitet hat, wird man die Richtung und die Länge der Koordinatenachsen meistens schon aus dem Gefühl richtig schätzen. Dieses Verfahren führt zu befriedigenden Ergebnissen, wenn lediglich Quader dargestellt werden. Quader haben 3 unterschiedliche Kantenlängen und fallen deshalb bei falsch verkürzten Koordinatenachsen nicht als "merkwürdig" auf.

Übungsaufgabe 9.5:

• Zeichnen Sie die Körper von Bild 9.14 (auf der vorigen Seite) aus SO.

• Einmal (wie den nebenstehenden geschlitzten Würfel) mit einem Höhenwinkel von ca. 10° und dann jeweils senkrecht darunter (die senkrechten Kanten fluchtend) mit einem Höhenwinkel von 45°.

• Mittlere Kantenlänge der Körper: etwa 50 mm.

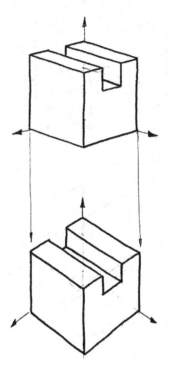

Bild 9.15 Körper aus zwei verschiedenen Höhenwinkeln betrachtet

Auflösung zu Übungsaufgabe 9.1:

linke Spalte: Höhenwinkel 22,5°; NNW, NW, WNW, WSW, SO;

rechte Spalte: WNW; 11.25°, 15°, 25°, 30°, 45°;

9.5   Genaue Konstruktion des Koordinatendreibeins

Zeichnet man in gefühlsmäßig erzeugte Achsensysteme Körper mit quadratischen oder kreisförmigen Querschnitten (Drehteile) ein, wirken diese häufig nicht kreisförmig oder quadratisch. Daran sieht man, daß die Verkürzungsfaktoren der Koordinatenachsen voneinander abhängen und einen großen Einfluß auf den Realismus einer perspektivischen Zeichnung haben.

Hilfskonstruktion. Mit einer einfachen Hilfskonstruktion läßt sich ein allen Ansprüchen genügendes Koordinatendreibein konstruieren. Dazu legt man (im Kopf) eine einfache Vorrichtung an:

• Eine transparente quadratische Scheibe mit einem Inkreis.

• Auf dem Inkreis seien alle 22,5° Markierungen angebracht. (oder alle 15 oder 10°)

• Die Scheibe befinde sich immer in der Waagerechten, um auf ihr die abzubildenden Objekte abstellen zu können.

• Die Scheibe habe im Zentrum eine Bohrung, in der ein X-Y-Z-Koordinatensystem um die Y-Achse drehbar gelagert sei. Die in Richtung der Achsen zeigenden Pfeile seien genauso groß wie der Radius des Inkreises.

• Weil die Scheibe sich in der Waagerechten befinde, zeige auch die Drehachse immer senkrecht.

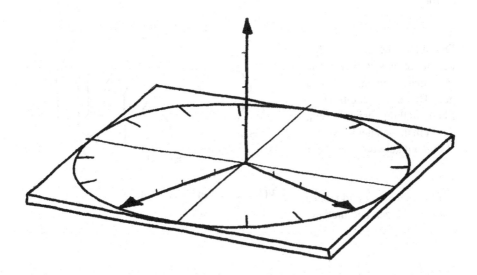

Bild 9.16 Hilfsvorrichtung zur Konstruktion des Koordinatendreibeines

Gebrauch der Hilfsvorrichtung.

1. Man fügt den dazustellenden
   Körper in das Koordinatendreibein ein.

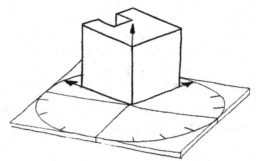

Bild 9.17 Körper in das Koordinatendreibein einfügen

2. Durch Drehen des (jetzt mit
   dem Körper verbundenen) Koordinatendreibeines um die Y-
   Achse wählt man eine für die
   Darstellung günstige Himmelsrichtung vor. (Norden liegt in
   negativer Z-Richtung.) Die
   durchsichtige Platte darf dabei
   aber nicht gedreht oder geneigt
   werden.

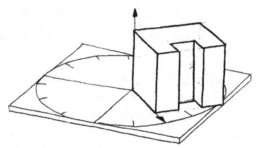

Bild 9.18 Himmelsrichtung wählen

3. Durch Hochheben oder Absen-
   ken der durchsichtigen Platte
   stellt man dann einen "günsti-
   gen" Höhenwinkel ein. Die
   Platte muß durchsichtig sein,
   damit man sich negative
   Höhenwinkel vorstellen kann.

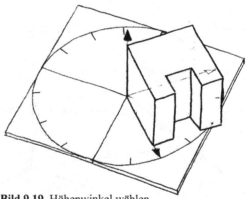

4. Himmelsrichtung und Höhenwinkel schätzen und merken

Bild 9.19 Höhenwinkel wählen

Konstruktion des Koordinatendreibeines. Man zeichnet die Ausgangsfigur: Draufsicht auf die durchsichtige quadratische Scheibe mit Kreis und Winkeleinteilung. Einheitslänge 40 bis 60 mm. Die Seitenansicht von links mit der Y–Achse dient zum Abgreifen von Strecken, die vom Höhenwinkel abhängen.

1. Die gewünschte Himmelsrichtung wird festgelegt, indem man das Koordinatendreibein entsprechend dreht und die Winkellage der X- und Z-Achse markiert.

2. Sieht man nun die Scheibe aus dem gewünschten Höhenwinkel an, ist aus dem Quadrat ein Rechteck und aus dem Kreis eine Ellipse geworden. Die kleine Ellipsenachse erhält man aus der Seitenansicht (Sinus des Höhenwinkels). Die Genauigkeit der Ellipse ist nicht kritisch. Man kann evtl. auf der Diagonalen einen Hilfspunkt konstruieren. Die Winkeleinteilung hat sich verzerrt.

3. Die Richtung der X- und Z-Achse ergibt sich aus der verzerrten Winkeleinteilung, und ihre verkürzte Einheitslänge aus den Schnittpunkten mit der Ellipse. Die verkürzte Einheitslänge der Y-Achse erhält man mit dem Cosinus des Höhenwinkels, den man wieder aus der Seitenansicht abgreift.

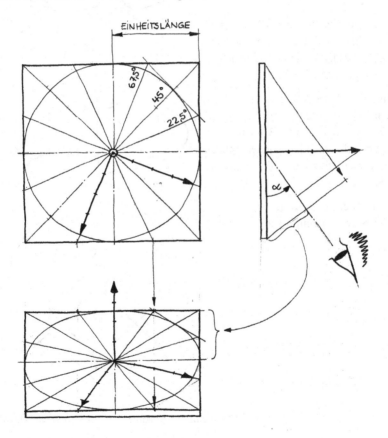

Bild 9.20 Ansicht der Hilfsvorrichtung

Die Pfeile der gedachten Hilfsvorrichtung, die die Achsen des Koordinatensystems darstellen sollen, haben alle dieselbe Länge, nämlich die Einheitslänge. Die Länge der Pfeile kann man (weil es so schnell geht) vierteln und man erhält eine Skala.

Betrachtet man die Pfeile aus verschiedenen Blickrichtungen, so verkürzen sich nicht nur die Pfeillängen, sondern auch die auf ihnen angebrachten Skaleneinheiten. (Man verfolge einmal die Veränderung der Z-Skaleneinheiten beim Schwenken um die Y-Achse; oder die Veränderung der Y-Skaleneinheiten bei der Veränderung des Höhenwinkels.)

Eine verkürzte Skaleneinheit einer Achse entspricht einer unverkürzten Skaleneinheit im rechtwinklig projizierten Aufriß der Hilfsvorrichtung. (s. Bild 9.20)

Man kann längs jeder Achse durch Abzählen dimensionieren oder messen. Ein Würfel mit der Kantenlänge 3 (z. B.) wird dann so abgebildet, daß man längs jeder Achse 3 (jeweils verschieden lange) Skaleneinheiten abträgt.

Das klingt leider kompliziert, ist aber einfach, wenn Sie es nur einmal selbst gezeichnet haben.

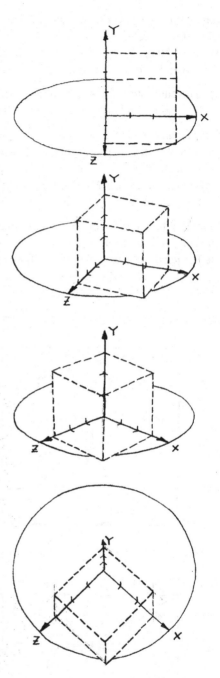

Bild 9.21 Skalierung des Koordinaten-Dreibeines

Übungsaufgabe 9.6:

• Zeichnen Sie die Hilfsvorrichtung für verschiedene Blickwinkel.
  (Die darin enthaltenen Koordinatendreibeine können Sie bei den später folgenden Aufgaben
  weiterverwenden.)

• Kantenlänge der durchsichtigen Grundplatte ca. 60 mm.

a) (SO, 22,5°)   b) (SO, 11°)   c) (OSO, 22,5°)   d) (OSO, 45°)

e) (NO, -22,5°)   f) (ONO, 11°)   g) (NNW, 67,5°)   h) (WSW, 79°)

Schnellkonstruktion des Koordinatendreibeins.

Wenn man aus bestimmten Gründen ein Teil
nicht aus einer besonderen Blickrichtung zeichnen muß, kann man ein Standard-Koordinatendreibein konstruieren. Durch die Verwendung
von einfach zu schätzenden Proportionen geht
es besonders schnell: 3 Minuten.

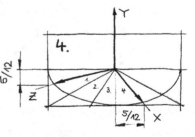

Ein Rechteck mit einem Seitenverhältnis von
2:1 zeichnen, dann die Ellipse einschmiegen
und die verzerrte Winkeleinteilung schätzen –
die Diagonalen (45°) gehen durch die Ecken
des Rechtecks. 22,5 bzw. 67,5° lassen sich
interpolieren bzw. konstruieren.

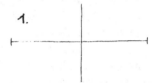

Beispiel: Koordinatendreibein mit der Einheitslänge 30 mm für OSO, 30°:

1. Die große Ellipsenachse ist gleich der
   doppelten Einheitslänge.

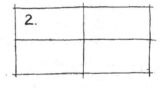

2. Mit dem Höhenwinkel 30° wird die kleine
   Ellipsenachse halb so groß wie die große
   (wg. sin 30°).

3. Mit dem Höhenwinkel 30° wird der Y-Pfeil
   gleich 7/8 der Einheitslänge
   (wg. cos 30°≈7/8).

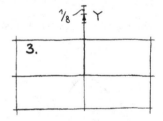

4. Für Himmelsrichtung OSO braucht man den
   Winkel 22,5°. Dieser Winkel läßt sich mit
   seinem Tangens (0.414 ≈ 5/12) auf der Kante des Rechtecks konstruieren.

5. Zwischen X- und Z-Achse müssen
   4 verzerrte Sektoren zu 22,5° liegen.

Bild 9.22   Schnellkonstruktion

9.6 Orientierung in der Perspektive

Das Zeichnen und Konstruieren in der Parallelperspektive erfordern am Anfang besondere Umsicht. Während in einer Normalprojektion Abmessungen und Winkel ihren
wahren Wert haben, sind in einer perspektivischen Darstellung alle Abmessungen verkürzt und alle Winkel verzerrt.

Man muß folgendes beachten:

1. Die Verkürzungsfaktoren sind nur
   parallel zu den Koordinatenachsen bekannt. Wenn man in einer perspektivischen Darstellung Strecken abgreifen
   oder übertragen möchte, darf man das
   nur parallel zu den Koordinatenachsen.

   Um einen Punkt (hier: (2, 4, -3)) in
   der perspektivischen Ansicht aufzusu-
   chen oder zu konstruieren, muß man
   2 Einheiten in X-Richtung,
   4 in Y-Richtung und
   3 in negativer Z-Richtung gehen.

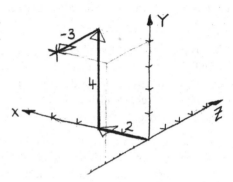

Bild 9.23 Nur parallel zu den Achsen messen

2. Parallelen bleiben immer Parallelen.

3. Die Proportionenen auf beliebig geneigten Strecken bleiben erhalten.

4. Die Länge einer parallel verschobenen Strecke bleibt erhalten.

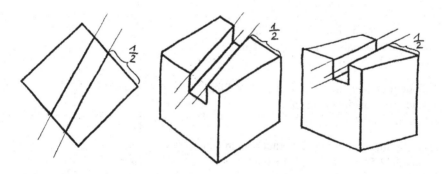

Bild 9.24 Parallelen und Proportionen bleiben erhalten

Die letzten beiden Grundsätze sind für den Übergang von einer Blickrichtung zu einer
anderen (also auch beim Übergang von der Normalprojektion zur Parallelperspektive)
wertvoll.

Um die Lage eines Punktes in einer perspektivischen Ansicht kontrollieren zu können, muß man die entsprechenden Strecken längs der Koordinatenachsen abschreiten.

Man kann die *absolute* Lage kontrollieren, indem man den Punkt vom Ursprung aus aufsucht.

Man kann die *relative* Lage kontrollieren, wenn man den Punkt auf zwei verschiedenen Wegen aufsucht oder von ihm weggeht und auf einem anderen Weg wieder zu ihm zurückkehrt.

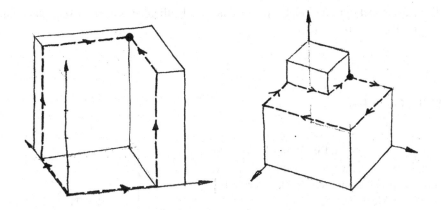

Bild 9.25 Kontrolle der Lage von Punkten

Übungsaufgabe 9.7:

• Konstruieren Sie in folgenden Ansichten die folgenden Punkte:

a) (SO, 11,25°)/(3, 1, 4) b) (OSO, 45°)/(2, -1, 3)

c) (NO, -22,5°)/(2, -3, 1) d) (NNW, 67,5°)/(4, 3, 2)

10 Geometrische Konstruktionen

Auch in einer perspektivischen Darstellung kann man konstruieren, wenn man die Regeln zur Orientierung in einem räumlichen Koordinatensystem befolgt.

Meistens sind die Körper auch so regelmäßig, daß man sie mit nur wenigen Maßen aufbauen kann, wenn man die Besonderheit der Parallelität mitbenutzt.

(Für das perspektivische Zeichnen ist es außerordentlich zeitsparend, wenn man ein sicherer Parallelenzeichner ist.)

10.1 Geraden

Eine Gerade, die schief im Raum liegt, erhält man, indem man zwei auf ihr liegende Punkte konstruiert und dann diese Punkte verbindet. (2-Punkte-Methode)

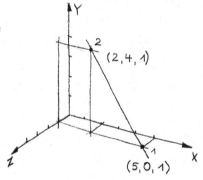

Bild 10.1 2-Punkte-Methode

Geraden können aber auch mit einer Punkt-Richtungs-Gleichung beschrieben werden. Übertragen auf die perspektivische Darstellung heißt das, daß man, wenn man die Richtung der Geraden (also eine Parallele) kennt, nur noch einen Punkt konstruieren muß und durch diesen Punkt die Parallele zieht.

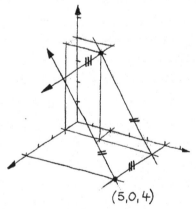

Bild 10.2 Punkt-Richtungs-Methode

10.2   Kurven

Kurven werden immer punktweise konstruiert. Die Punkte müssen nach Gefühl verbunden werden. Dabei hilft es sehr zu wissen, wie Tangenten, Krümmungsradien und Extremwerte liegen.

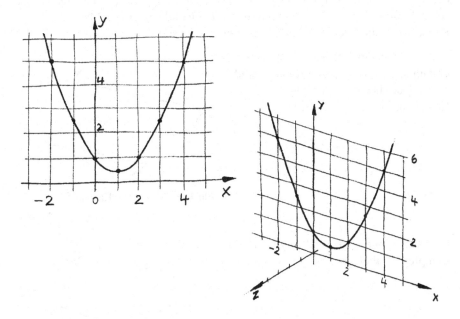

Bild 10.3 Ebene Kurve: Parabel

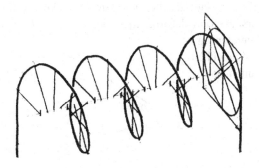

Bild 10.4 Räumliche Kurve: Wendel

10.3   Quader

Perspektivische Darstellungen werden vorzugsweise aus Quadern modelliert, deren
Flächen als Parallelogramme erscheinen. Da die Quader immer das Gerüst für aufwendig detaillierte Körper bilden, sind Formfehler, besonders, wenn sie erst am Schluß ent-
deckt werden, Anlaß zu Enttäuschung und Ärger. Die Formfehler ergeben sich aus optischen Täuschungen infolge der Unsymmetrie der Parallelogramme. Man sollte bei der
Konstruktion dieser einhüllenden Quader besonders sorgfältig vorgehen.

Versucht man durch Schätzen ein Parallelogramm zu zeichnen, dessen Kanten parallel
zu den Koordinatenachsen liegen, sind die
Kanten fast unweigerlich verdreht:

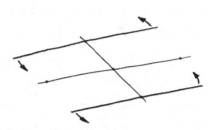

Bild 10.5 "verdrehte" Kanten

Insgesamt gibt es eine Tendenz zu einem zu
stumpfen Parallelogramm:

Bild 10.6 "abgestumpftes" Parallelogramm

Das Halbieren der Kanten eines Parallelogrammes unterliegt *optischen Täuschungen*.
Halbiert man die Kanten eines gegebenen (geometrisch korrekten) Parallelogramms,
fällt nach vielen Versuchen auf, daß trotz aller Sorgfalt immer die Hälften an den spitzen
Winkeln zu groß geraten und
daß vor allem die Ungleichheit
bei den oberen Kanten größer
ist als bei den unteren:

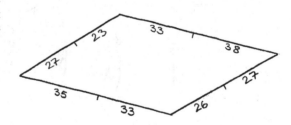

Bild 10.7 "Halbieren" eines Parallelogramms

Eine Systematik im Auftreten eines Fehlers ist meistens schon die halbe Lösung. Hier war es so, daß die *oberen* Kanten von *innerhalb* des Parallelogramms beurteilt wurden und die *unteren* Kanten von *außerhalb*.

Tatsächlich ergibt sich aus einer Versuchsreihe, daß alle Kanten ungleich geteilt werden, wenn man sie immer von *innerhalb* des Parallelogramms beurteilt.

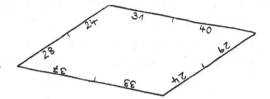

Bild 10.8 Schlecht: Parallelogramm von "innen" beurteilt

Lösung des Problems: Die Kanten lassen sich ziemlich gleichmäßig halbieren, wenn man sie immer von außerhalb des Parallelogramms beurteilt.

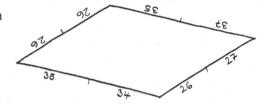

Bild 10.9 Gut: Parallelogramm von "außen" beurteilt

Größere Parallelogramme konstruiert man durch das Abtragen der Kanten.
1. Zwei Kanten, die das Parallelogramm aufspannen, zeichnen.
2. Die fehlende 4. Ecke durch Abtragen der beiden Kantenlängen konstruieren (entspricht zwei Zirkelschlägen) und das Parallelogramm vervollständigen.

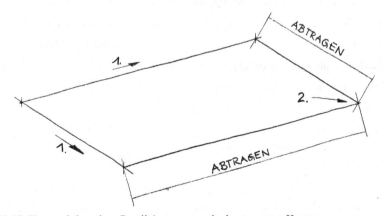

Bild 10.10 Konstruktion eines Parallelogramms mit abgetragenen Kanten

Zeichenfolge für Quader:

1. Grundfläche (Parallelogramm) sorgfältig konstruieren

2. Eine vollständige Seitenfläche ansetzen. Dabei streng auf Parallelität achten.

3. Zwei weitere vollständige Seitenflächen ansetzen. Dabei streng auf Parallelität achten.

4. Mit der letzten Kante den Quader schließen. Kontrollieren, daß sie sowohl parallel zu den entsprechenden Kanten liegt als auch den Eckpunkt trifft.

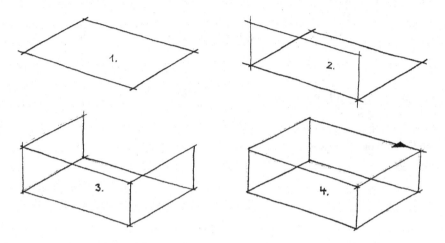

Bild 10.11 Zeichenfolge für Quader

Übungsaufgabe 10.1:

• Konstruieren Sie für die folgenden Blickrichtungen folgende Quader:

  a) (SO, 22,5°)/(4, 2, 7)   b) (OSO, 45°)/(6, 3, 5)

  c) (ONO, 11,25°)/(3, 3, 7)   d) (NNW, 67,5°)/(8, 6, 3)

  • Verwenden Sie die Hilfsvorrichtung (s. Abschn. 9.5).

  • 1 (unverzerrte) Längeneinheit = ca. 10 mm.

10.4 Durchstoßpunkte und Schnittlinien

Sie lassen sich wie gewohnt konstruieren, wenn man beachtet, daß man sich beim Messen nur parallel zu den Achsen bewegen darf und daß Parallelen auch Parallelen bleiben.
Die Regel, daß sich Proportionen auf einer Strecke erhalten, benötigt man seltener.
Wenn eine Ebene zwei parallele Ebenen schneidet, dann sind die Schnittgeraden auch
parallel.

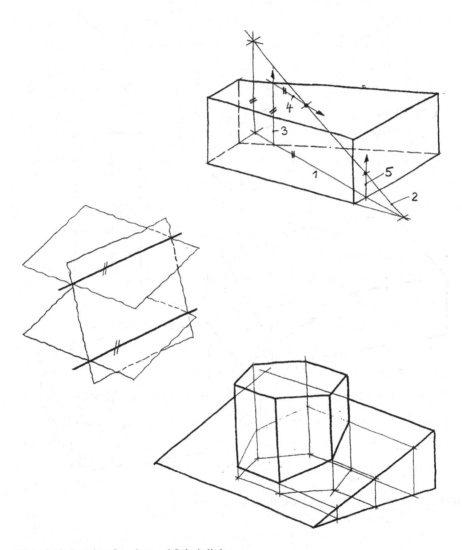

Bild 10.12 Durchstoßpunkte und Schnittlinien

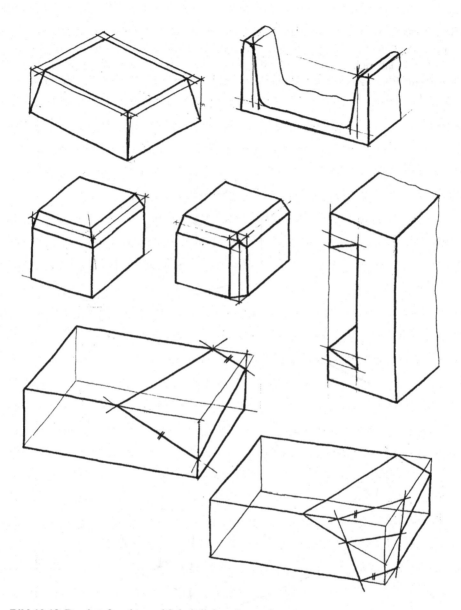

Bild 10.13. Durchstoßpunkte und Schnittlinien: Anwendungen

Übungsaufgabe 10.2:

• Konstruieren Sie für die dargestellten Situationen die fehlenden Kanten.

• Benutzen Sie ein Koordinatensystem aus OSO mit 22,5°.

• Zeichnen Sie die Teile etwa faustgroß.

• Die Hilfslinien sollen dünn und trotzdem deutlich sein.

• Ziehen Sie nur dann eine Linie, wenn Sie sicher sind, daß sie korrekt ist – radieren ist in einem Gewirr von Hilfslinien praktisch nicht möglich.

• Wenn die Zeichnung zu entgleisen droht: Fangen Sie lieber von vorne an. Die noch brauchbaren Teile der Zeichnung kann man pausen.

• Ziehen Sie die Körperkanten breit und schwarz aus.

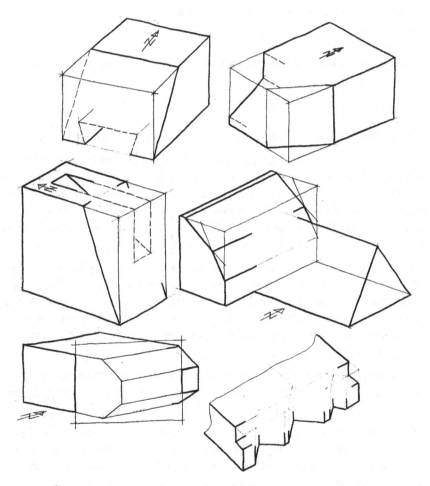

Bild 10.14 Übungsbeispiele für Schnitte und Durchdringungen

10.5 Modellieren in der Perspektive

Objekte: Beim perspektivischen Zeichnen wird man sich den darzustellenden Gegenstand selten in seiner ganzen Kompliziertheit vorstellen können. Selbst in den Fällen, in denen das noch möglich wäre, könnte man die Vorstellung nicht auf einmal in eine Zeichnung umsetzen. Es ist deshalb praktisch, den Gegenstand nicht als Wirrwarr von Strichen(!) sondern als Summe von *Objekten* aufzufassen und ihn aus den Objekten Schritt für Schritt zu modellieren. Aus *welchen* Objekten man einen Gegenstand aufbaut, ist einem selbst überlassen.

Ein Objekt kann sein:
• ein Körper
• ein Bearbeitungsgang (z.B. ein zerspantes Volumen)
• ein Arbeitsgang
• eine Baugruppe
• eine black box mit einer bestimmten Funktion
• eine Reihenfolge
• ein Bild
• eine Formel usw.

Objekte als Denkeinheiten haben für die Vorstellung und das Zeichnen nur Vorteile:

1. Objekte sparen Speicherplatz im Gedächtnis. Durch Fachkenntnis und Begriffsbildung werden die zur Darstellung eines Körpers benötigten Daten komprimiert. Die durch "Datenkompression" verloren gegangenen Informationen werde aus der Fachkenntnis der sich etwas merkenden Person wieder ergänzt.
   Ein Laie, dem der Begriff (das Objekt) "Gewindebohrung" nicht geläufig ist, kann sich die zeichnerische Darstellung einer Gewindebohrung nicht merken.

2. Objekte führen zu Vollständigkeit. Lücken im Erinnerungsvermögen werden bei der Reproduktion von Objekten wieder ergänzt: Wer gestufte Drehteile als Reihe von Zylindern auffaßt, kann keine umlaufenden Kanten vergessen. Wer parallel zum Zeichnen im Kopf den zugehörigen Fertigungsprozeß laufen läßt, vergißt keine Maße. Wer die Funktion einer black box als Objekt speichert, kann daraus resultierende Erfordernisse rekonstruieren.

3. Objekte entsprechen hinsichtlich ihrer Komplexität und ihres Informationsgehaltes immer gerade den mentalen Möglichkeiten und Erfordernissen der betreffenden Person.

4. Objekte können auch Fantasieprodukte sein. Manchmal ist es für das Vorstellungsvermögen einfacher, sich z.B. einen (in Wirklichkeit unmöglichen) Extrusionsvorgang vorzustellen oder ein Maschinenelement aus Klötzen zusammenzukleben und mit dem Taschenmesser zu bearbeiten.

Als typisches Beispiel diene ein Frästeil (Bild 10.15 auf der nächsten Seite):

1. Einen Quader als Ausgangszustand zeichnen.

2. Ein Prisma "aufkleben". Man hätte auch von einem höheren Quader ausgehen und ihn jetzt schräg abfräsen können.

3. Die Symmetrielinie des folgenden Objektes (Fräsoperation) als Orientierung einzeichnen.

4. Den Fräserquerschnitt einzeichnen (Fräser einspannen und Teil ausrichten).

5. Die sichtbaren Schnittkanten einzeichnen (fräsen).

6. Gültige Linien ausziehen – von "vorne nach hinten" unter ständiger Kontrolle, ob man eine Kante sieht oder nicht. Das Vorstellungsvermögen wird übrigens irritiert, wenn durch das Drehen des Papiers der dargestellte Gegenstand auf den Kopf gestellt wird.

Andere Gegenstände wird man zeichnerisch anders behandeln:

• Drehteile als "aufgefädelte" Wellenstücke und Bohrungen

• Drehteile erhält man ebenfalls, wenn man ebene Schnitte rotieren läßt.

• Schweißkonstruktionen in der Folge der verwendeten Halbzeuge

• Gußteile z. B. in Anlehnung an den Aufbau der Modelle oder die Herstellung der Gießform

• Schmiedeteile in Anlehnung an Herstellung des Gesenkes

• Stanzteile nach der Schnittfolge

• Baugruppen nach der Montagereihenfolge oder Sichtbarkeit

• prismatische Gegenstände kann man eben konstruieren und die Fläche dann extrudieren.

Grundsätzlich: Man verliert die Kontrolle über Machbarkeit und räumliche Verträglichkeit in dem Maße, je mehr man sich bei der Wahl oder Neudefinition von Objekten von der Wirklichkeit entfernt.

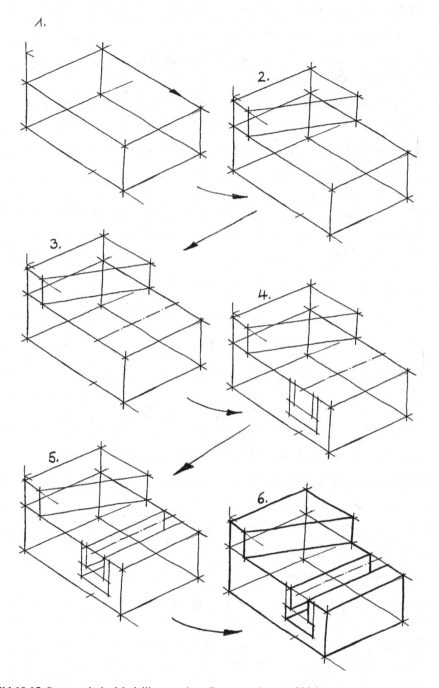

Bild 10.15 Systematische Modellierung eines Gegenstandes aus Objekten

Übungsaufgabe 10.3:

• Versuchen Sie, sich einen Gegenstand innerhalb von max. 1/2 min einzuprägen. Es ist hilfreich, ihn als Summe von Objekten zu begreifen.

• Zeichnen Sie den Gegenstand aus dem Gedächtnis – aus einer anderen Himmelsrichtung, Höhenwinkel 22,5°.

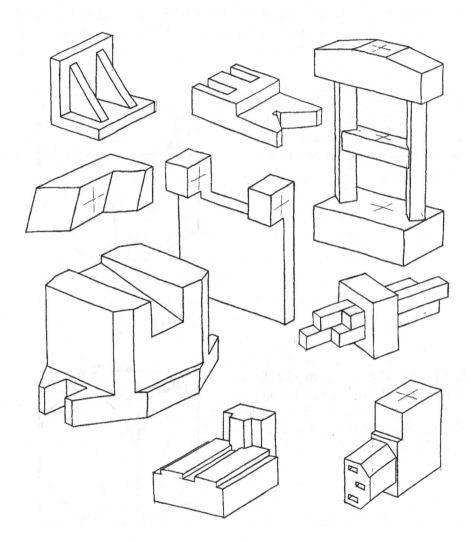

Bild 10.16 Aus dem Gedächtnis zu reproduzierende Gegenstände

11 Ellipsen

Beim perspektivischen Freihandzeichnen bedürfen die Ellipsen besonderer Überlegungen und Sorgfalt. Drehteile (bei denen viele Ellipsen zu zeichnen wären) lassen sich zum Glück ausreichend anschaulich in der üblichen Normalprojektion zeichnen. Übrig bleiben unregelmäßige Fräs- und Bohrteile, bei denen aber die gewonnene Anschaulichkeit den Mehraufwand der Perspektive rechtfertigt. Hat man sich erst einmal mit den einfachen Zusammenhängen vertraut gemacht und auch ein bißchen geübt, empfindet man die Ellipsen nicht mehr als schwierig.

Im einfachsten Fall, der isometrischen Perspektive, verzerren sich Kreise in den drei Hauptebenen gleich. Die Achsen der Ellipsen sind gleichzeitig die Diagonalen der einhüllenden Parallelogramme.

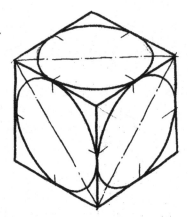

Bild 11.1 isometrische Ellipse

Im allgemeinen Fall der trimetrischen Perspektive verzerren sich Kreise je nach Hauptebene verschieden. Die Achsen der Ellipsen fallen nicht mit den Diagonalen der einhüllenden Parallelogramme zusammen.

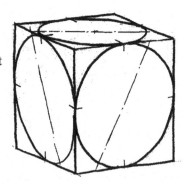

Bild 11.2 "trimetrische" Ellipsen

Die korrekte Verkürzung in jeder Koordinatenrichtung ist für die realistische Wirkung der perspektivischen Zeichnung wichtig. Beim Zeichnen von Ellipsen muß man sich darauf einstellen, daß sie (im Gegensatz beispielsweise zu den verschiedenen Arten von Dreiecken) keine markanten Bezugspunkte, Winkel oder Proportionen aufweisen, anhand derer man ihre Form und ihre Lage erschließen könnte. Und die Achsen der Ellipsen helfen beim Zeichnen nicht viel weiter.

Das führt auf eine Zeichentechnik, die die Ellipsen als eine Art "passive" Form auffaßt, die durch das einhüllende Parallelogramm bestimmt wird.

Dieses Parallelogramm sollte vor jeder Ellipse konstruiert werden. Die Seiten des einhüllenden Parallelogrammes liegen meistens parallel zu den Koordinatenachsen und sind deshalb einfach zu konstruieren.

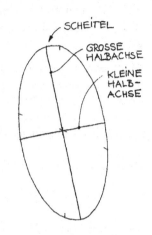

Bild 11.3 Achsen und Scheitel

Mit ihrer Tangenteneigenschaft liefern sie für jeden Blickwinkel einen guten Anhalt für die Form der Ellipse. Außerdem wird in der Vorstellung der Eindruck verfestigt, daß man nicht an einer Ellipse, sondern an einem Kreis – wenn auch an einem verzerrten – arbeitet.

An den Seiten des einhüllenden Parallelogrammes lassen sich mehrere eingängige und geometrisch korrekte Hilfskonstruktionen "aufhängen". Für jede Ellipsengröße gibt es entsprechende Hilfskonstruktionen.

Als Ellipsendurchmesser sollen im folgenden immer die beiden Seiten des einhüllenden Parallelogrammes gelten – nicht etwa die Achsenlängen der Ellipse.

Immer wenn man nicht weiß, wie ein Kreis in der Perspektive aussieht (wo der große und der kleine Scheitelkreis liegen), muß man sich das einhüllende Parallelogramm konstruieren.

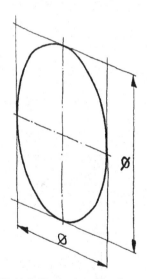

Bild 11.4 Konjugierte Durchmesser von Ellipsen

11.1 Ellipsendurchmesser 100 bis 200 mm

Das Problem großer Ellipsen stellt sich bei der Darstellung von Flanschen, Scheiben, Rundtischen, Rädern, Gehäusen, Behältern, Winkelbemaßung usw. Bei großen Durchmessern sind die Räume, die zwischen den vier Stützpunkten des einhüllenden Parallelogramms mit der Formvorstellung überbrückt werden müssen, zu groß. Große Ellipsen dienen oft als Bezug für die Lage weiterer Formelemente und müssen schon deshalb genau sein.

1/16-Methode. Sie ist verwandt mit der Näherungskonstruktion für 30° (s. auch Abschn. 4.6). Es lassen sich pro Quadrant 2 zusätzliche Punkte bei 30° und 60° angeben, was für Durchmesser bis 300 mm ausreicht. Vorsicht beim Halbieren der Kanten des Parallelogramms. Als zusätzliches Hilfsmittel bei großen Ellipsen lassen sich die Tangenten in den Hilfspunkten konstruieren.

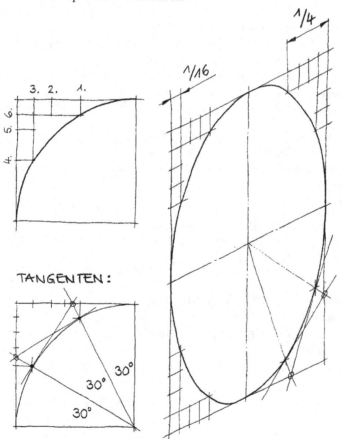

Bild 11.5. 1/16-Methode zur Konstruktion von Hilfspunkten bei 30° und 60°.

11.2 Ellipsendurchmesser 30 bis 100 mm

Würde man auch bei den kleineren Ellipsen mit der 1/16-Methode arbeiten, würden die Hilfspunkte wegen des konstruktiven Aufwandes zu ungenau.

Eine praktische Hilfskonstruktion ist das einhüllende Achteck, das pro Quadrant einen zusätzlichen Punkt und eine Tangente liefert. Grundlage für die Konstruktion des Achteckes ist der tan 22,5°. (s. auch Abschn. 4.6)

Bild 11.6 einhüllendes Achteck

5/12-Methode. (Bild 11.8) 5/12 liegt sehr nahe an tan 22,5°. Man muß zwei benachbarte halbe Ellipsendurchmesser zwei mal halbieren und diese Viertel dritteln. Die Gerade durch die so erhaltenen Punkte ist eine Tangente der Ellipse. Der Berührpunkt liegt auf der Mitte der Strecke. Man kann die Tangente auch mit der entsprechenden Diagonalen des Parallelogramms schneiden.

40%-Methode. (Bild 11.9) Bei kleineren Ellipsen ist die 5/12-Methode zu aufwendig und die Genauigkeit auch nicht nötig. Es geht sehr schnell, 40% ($\approx$ 5/12) des halben Ellipsendurchmessers zu schätzen und durch die beiden Punkte die Tangente zu legen. Den Berührpunkt erhält man wieder durch Halbieren oder durch das Schneiden mit der Diagonalen.

Will man den Aufwand weiter reduzieren, kann man auch auf der Diagonale einen zusätzlichen Punkt konstruieren.
(s. auch Abschn. 4.9: zusätzlicher Kreispunkt)

Man erhält allerdings keine Tangente. Diese Konstruktion ist besonders geeignet für Ellipsen, die sich der Kreisform nähern.

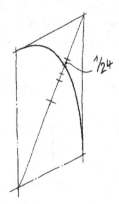

Bild 11.7 Hilfspunkt auf Diagonale

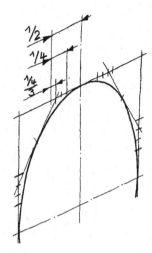

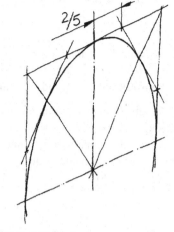

Bild 11.8 5/12-Methode   **Bild 11.9** 40%-Methode

Bei allen Ellipsen ist die Länge der großen Achse kritisch für einen natürlichen Eindruck.

Für isometrische Ellipsen gibt es eine schnelle und
genaue (aber geometrisch unbegründete) Hilfskonstruktion für die entsprechenden Scheitelpunkte: Die
"Hälfte" auf die Diagonale klappen.

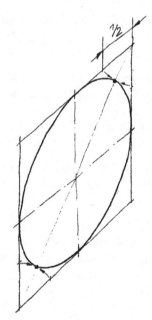

Isometrische Ellipsen erkennt man daran,
daß man das einhüllende Parallelogramm
in zwei *gleichseitige* Dreiecke zerlegen kann.

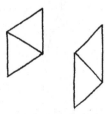

11.10 Probe auf Isometrie: die *rechten*

Dreiecke sind *nicht* gleichseitig.

Bild 11.11 Scheitelkonstruktion
für isometrische Ellipsen

11.3 Ellipsendurchmesser unter 30 mm

Bei kleinen Ellipsen kommt es weniger auf die Genauigkeit als vielmehr auf die Schönheit an. Schönheit heißt hier erstens richtiges Verhältnis der Durchmesser (≈ Verhältnis der Achsen) und zweitens harmonische, knickfreie Form.

1. Einhüllendes Parallelogramm und Mittellinien (immer) zeichnen. Die verkürzten Kantenlängen des Parallelogrammes müssen (leider) ziemlich genau sein, um natürlich wirkende Ellipsen zu erzielen.

2. Mit den *großen* Bogen beginnen. Papier in günstige Position drehen (Der "Mittelpunkt" des Bogens soll unter der Hand liegen – s. Kap. 7). Den Bogen etwas länger zeichnen als bis zum Berührpunkt der Tangente. Kontrolle: Die Bogen von nicht isometrischen Ellipsen liegen nicht genau gegenüber, sondern versetzt.

3. Danach die *kleinen* Bogen sehr dünn probieren, bis die Übergänge in die großen Bogen gelungen sind und die Länge der großen Achse natürlich wirkt. Möglichst nicht an Ellipsen, sondern an Kreise denken. Punktieren hilft gegen Zittern.
   Kontrolle: Die große Achse von nicht isometrischen Ellipsen zeigt an den Ecken des umbeschriebenen Parallelogrammes vorbei (auf der Seite der stärker verkürzten Kante).

4. Ellipse breit und schwarz ausziehen. Nicht direkt auf den Übergängen zwischen großen und kleinen Bogen absetzen.

Bild 11.12 Ellipsen direkt in das einhüllende Parallelogramm einzeichnen

11.4   Formfehler von Ellipsen erkennen

Auch wenn man Hilfskonstruktionen benutzt, gibt es insbesondere bei nicht-isometrischen Ellipsen manchmal Unsicherheiten. Man zeichnet Formen, die irgendwie falsch wirken, und man weiß nicht, in welche Richtung man sie ändern muß.

Hauptachsen. Für den realistischen Eindruck einer Ellipse spielt die Lage der Scheitel eine wichtige Rolle. Folgenden Zusammenhang kann man zur Kontrolle verwenden: Viele Ellipsen sind in Wirklichkeit Kreise. Jede Kreisfläche kann man mit einer senkrecht aus ihr herausragenden "Dreh-" und Symmetrieachse versehen. Bildet man eine solchermaßen präparierte Kreisfläche perspektivisch ab, liegt die Große Ellipsenachse immer senkrecht zur "Drehachse". Die kleine Ellipsenachse fällt in der Darstellung mit der "Drehachse" zusammen.

Da meistens eine Achse des Koordinatendreibeines senkrecht steht (in diesem Fall die Y–Achse), liegen die großen Ellipsenachsen der "flach" (parallel zur X–Z–Ebene) liegenden Ellipsen waagerecht.

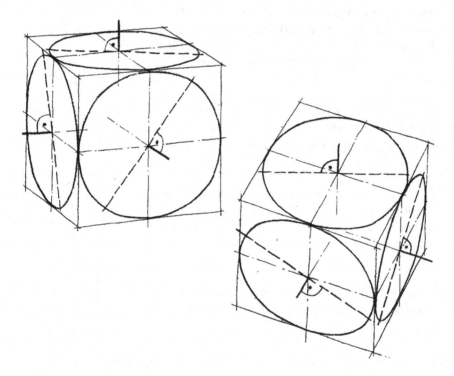

Bild 11.13 Lage der Hauptachsen bei Ellipsen

Symmetrie zur Großen Ellipsenachse. Aus der Gesamt-
form der Ellipse schätzt man die Lage der Großen Ellipsenachse (und zeichnet sie evtl. dünn ein). Dann müssen
beide Hälften zur Großen Ellipsenachse symmetrisch sein.
Um von der umgebenden Hilfskonstruktion nicht abge-
lenkt zu werden, empfiehlt es sich, die Ellipse etwas "unscharf" anzusehen. (s.auch Abschn. 2.5)   Symmetriefehler
sind auffällig.

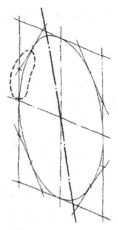

Bild 11.14 Symmetrie zur
großen Ellipsenachse

Symmetrie zu den Mittellinien.
Ellipsen müssen auch relativ zu
ihren Mittellinien (ursprünglich:
Zentralen) symmetrisch sein.
Abweichungen lassen sich wegen
der unsymmetrischen Situation
mit dem bloßen Auge nicht ermitteln, sondern nur nachmessen
oder abgreifen. Anwendung bei
großen Ellipsen.

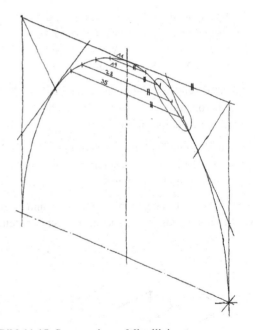

Bild 11.15 Symmetrie zur Mittellinie

11.5   Einfache Isometrie

Die Einfachheit des isometrischen Koordinatensystems macht es besonders geeignet
erstens für den Einstieg in das perspektivische Zeichnen und zweitens für die Fälle,
in denen man mit der Entwicklung der Form schon genug zu tun hat, wie bei Federn,
Gewinden, Bohrern, Pumpenrädern, Schaufeln.

1. In einer Isometrie haben die Ellipsen in
   jeder Hauptebene immer dieselbe Form.
   Man entwickelt rasch ein Gefühl für die
   richtigen Proportionen.

2. Die Achsen der Ellipse fallen mit den
   Diagonalen des einhüllenden Parallelogrammes zusammen. Es gibt eine genaue
   und schnelle Scheitelkonstruktion
   (s. Abschn. 11.2).

3. Die Diagonalen der Parallelogramme, die
   in Wirklichkeit unter 45° liegen, verlaufen unter den "rastbaren" Winkeln von 0,
   30, 60 und 90° zu Senkrechten.

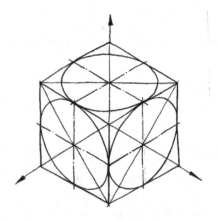

Bild 11.16 Einfache Isometrie

4. Die einhüllenden Parallelogramme sind
   schnell konstruiert, weil zwei Ecken auf
   (über) der Rotationsachse liegen.

5. Man muß keine Verkürzungsfaktoren berücksichtigen, da sie auf allen Achsen
   gleich groß sind. Bei maßstäblicher Darstellung werden alle Abmessungen parallel zu den Achsen abgetragen.

6. Ein Nachteil: Bei bestimmten Formen kann es zu Mißverständnissen kommen,
   weil Linien ineinander münden, die nichts miteinander zu tun haben.

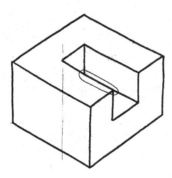 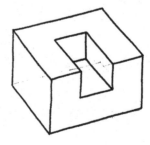

Bild 11.17 Ineinander mündende Linien bei der Isometrie

Bei der Konstruktion des Isometrischen Koordinatensystems sollte man besondere Sorgfalt walten lassen, um in den Genuß der erwähnten geometrischen Einfachheit zu kommen. Folgende Konstruktion ist superschnell und genau:

1. Eine Senkrechte zeichnen und nach unten *dünn* verdoppeln.
2. Rechts von der unteren Strecke einen Punkt schätzen, mit dem sich ein gleichseitiges Dreieck ergibt. (s. Bild 11.19 unten)
3. Papier drehen und noch ein gleichseitiges Dreieck schätzen.
4. Durch die Punkte die Achsen ziehen und (für die Skala) vierteln.

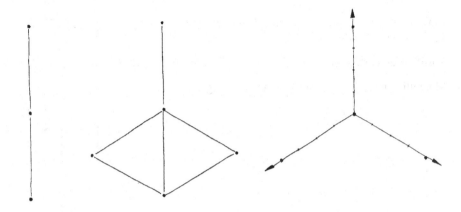

Bild 11.18 Schnelle Konstruktion des isometrischen Koordinatensystems

Das Schätzen des gleichseitigen Dreiecks gelingt besonders gut (das Augenmaß läßt uns auch hier nicht im Stich), wenn man den Stift auf den vermuteten 3. Punkt setzt und sich das damit gebildete Dreieck vorstellt. Sind die 3 Winkel wirklich gleich? Meistens muß man dafür mit dem Stift weiter nach rechts rücken.

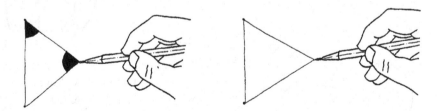

Bild 11.19 Gleichseitiges Dreick: Sind alle Winkel gleich?

11.6 Drehteile

In seltenen Fällen müssen auch Drehteile perspektivisch dargestellt werden:
Bei Illustrationen, bei manchen (nicht ganz) rotationssymmetrischen Gußteilen und bei
Drehteilen mit nachträglicher Fräsbearbeitung.

Bildaufbau für Rotationskörper:

1. Rotationsachse festlegen. Mittellinien der Stirnflächen
   einzeichnen.

2. Einhüllende Parallelogramme für die kreisförmigen
   Stirnflächen konstruieren.

3. Stirnflächen einzeichnen.

4. Mantellinien als Tangenten an die Ellipsen legen.

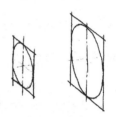

Die Schritte 2 bis 4 müssen für jedes Element des
Rotationskörpers (Zapfen, Scheibe, Kegelstumpf,
Gewinde, Einstich usw.) wiederholt werden.
Alle Elemente müssen danach auf die gemeinsame
Rotationsachse aufgefädelt werden.

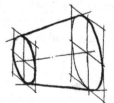

Bild 11.20 Aufbau eines
gedrehten Körpers

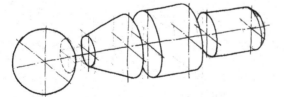

Bild 11.21 "Auffädeln" der Elemente

Sechskante. Bei Massendrehteilen treten häufig Sechskante auf. Außerdem sind sie charakteristisch für Schrauben und Muttern und kommen als solche fast in jeder Zeichnung vor. Sie sollen deshalb hier extra behandelt werden. Sie haben meist nur symbolische Bedeutung. Es kommt also weniger auf die genauen Abmessungen und mehr auf die realistische und schöne Darstellung an. Kleine Vorarbeit für den Sechskant: Konstruktion eines Winkels von 30° (s. Abschn. 4.6).

1. Man beginnt mit einer Art einhüllendem Quadrat, dessen Kantenlänge gleich der Schlüsselweite ist.

2. Man trägt auf der horizontalen Mittellinie jeweils links und rechts 1/8 der halben Kantenlänge ab (1/7 wäre genauer, ist aber umständlicher zu konstruieren) und erhält 2 Ecken.

3. Die horizontalen Kanten des Quadrates werden geviertelt. Die beiden mittleren Viertel werden um die Hälfte des auf der Mittellinie nach links und rechts jeweils abgetragenen Betrages (1/16) verlängert und ergeben die Länge der Schlüsselflächen des Sechskantes.

4. Ecken verbinden.

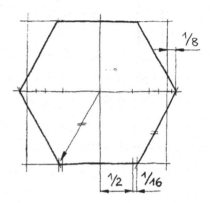

Bild 11.22 Sechskant aus Schlüsselweite

In selteneren Fällen ist das Eckenmaß des Sechskantes gegeben, und man sucht die Schlüsselweite oder den größtmöglichen Zylinderdurchmesser.

1. Man beginnt mit einem Quadrat, dessen Kantenlänge gleich dem Eckenmaß ist.

2. Mit sin 30°=1/2 und cos 30°≈ 7/8 erhält man eine weitere Ecke.

3. Die übrigen Ecken erhält man durch Spiegeln an den Mittellinien.

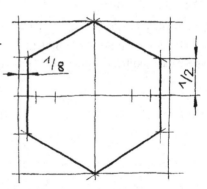

Bild 11.23 Sechskant aus Eckenmaß

Jetzt in der Perspektive:

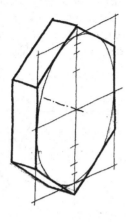

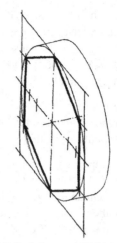

Bild 11.24 Sechskant aus Schlüsselweite   **Bild 11.25** Sechskant aus Eckenmaß

Schraubenköpfe und Muttern kommen
häufig vor. Deshalb ein bißchen Sport:
Eine Mutter zeichnen.

1. Einen Vierkant absägen.

2. Bohren und Gewinde schneiden.

3. Den Sechskant fräsen.

4. Die Fase konstruieren.

Die Schnittkanten mit den Schlüsselflächen sind perspektivisch abgebildete
Hyperbelabschnitte, die man nach Gefühl
zeichnen muß.

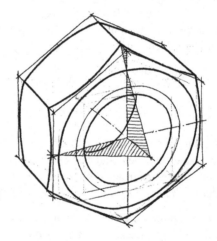

Bild 11.26 Übungsteil: Sechskantmutter

Übungsaufgabe 11.1:
Zeichnen Sie in isometrischer Perspektive ein Sechskantprofil (SW 30, l = 50 mm), welches auf 30 mm Länge auf Ø 29,8 abgedreht wurde.

Übungsaufgabe 11.2:
Zeichnen Sie isometrischer Perspektive einen Rundstab (Ø 40 mm, l = 50 mm), dem an einem Ende ein Sechskant (e ≈ Ø, l = 20) angefräst wurde.

Übungsaufgabe 11.3:
Zeichnen Sie in isometrischer Perspektive einen Flachriementrieb mit Spannrolle (schematisch, Räder in der Luft, Achsen als Mittellinien). Raddurchmesser 80, 30, 15 mm, Achsabstand 100 mm, Riemenbreite 20 mm)

Übungsaufgabe 11.4:
Zeichnen Sie in isometrischer Perspektive schematisch (nur Wellen und Räder, Räder ohne Zähne) aber proportioniert ein Kegelradgetriebe mit i = 2. Teilkreisdurchmesser 40/80 mm, Zahnbreite 25 mm.

Übungsaufgabe 11.5:
Zeichnen Sie in isometrischer Perspektive eine Spannzange (Spanndurchmesser ca. 20 mm).

Übungsaufgabe 11.6:
Zeichnen Sie die Teile von Bild 11.27 in isometrischer Perspektive.

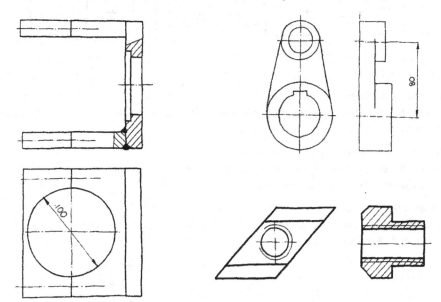

Bild 11.27 Übungsteile (Schelle, Hebel, Nutenstein) für die isometrische Perspektive

Übungsaufgaben zur Dimetrie und Trimetrie:
(Die gegebenen Abmessungen sollen nur die Größenordnung angeben.)

Übungsaufgabe 11.7:
Zeichnen Sie Würfel, auf deren Flächen Inkreise gezeichnet sind,
mit den folgenden Kantenlängen und Blickrichtungen:

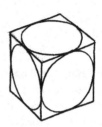

    a) 50 mm, OSO, 22,5°   b) 80 mm, OSO, 45°

    c) 125 mm, OSO, 11,25°   d) 30 mm, O, ONO, NO, 11,25°

Bild 11.28

Übungsaufgabe 11.8:
Zeichnen Sie folgende Wellenenden (Ø 40 mm) aus SW, 11,25°:

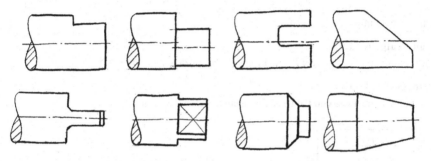

Bild 11.29 Wellenenden

Übungsaufgabe 11.9:
Zeichnen Sie einen Kegelstumpf mit D = 80 mm, d = 20 mm, h = 40 mm;
Höhenwinkel 22,5°.

Übungsaufgabe 11.10:
Zeichnen Sie eine Tellerfeder mit D = 70 mm, d = 35 mm, s = h = 3 mm;
Höhenwinkel 22,5°.

Übungsaufgabe 11.11:
Zeichnen Sie zwei aufeinandergesetzte Kegelstümpfe mit drei verschiedenen Durchmessern;
h = 80 mm; Höhenwinkel 22,5°.

Bild 11.30 Aufeinandergesetzte
Kegelstümpfe

11.7   Sonderprobleme mit Ellipsen

Abbildung von Kreisen in geneigten Ebenen. Es kommt vor, daß eine Ellipse von einem Kreis gezeichnet werden muß, der nicht parallel, sondern geneigt zu einer Hauptebene liegt. Im Beispiel in Bild 11.31 wäre die Form der Ellipsen in den Hauptebenen X-Y und Y-Z bekannt. Man kann die völlig verschiedenen Ellipsen durch Schwenken um die Y-Achse ineinander überführen. Dabei bleibt der Durchmesser, der parallel zur Y-Achse liegt, konstant. Wie sich der andere Durchmesser beim Schwenken verändert, erkennt man aus einer Hilfskonstruktion (man muß am Boden ein Viertel-Ellipse zeichnen) in der X-Z-Hauptebene. Beim Schwenken um eine andere Achse muß man entsprechend die Hilfskonstruktion in eine zur Schwenkachse senkrechte Ebene legen.

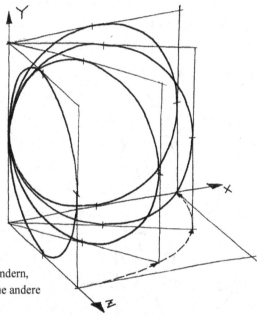

Bild 11.31 Wie Ellipsen ihre Form ändern, wenn sie von einer Hauptebene in eine andere geschwenkt werden.

Liegt eine Ellipse zu keiner Hauptebene parallel, ist die Konstruktion bedeutend unübersichtlicher (Bild 11.32). Wegen der Übersichtlichkeit sollte man nur mit dem einhüllenen Parallelogramm arbeiten. Eine wichtige Rolle spielen Hilfsellipsen. Das Parallelogramm wird zunächst um einen bestimmten Betrag um die X-Achse geschwenkt und danach um die Y-Achse. (Der Schwenkvorgang um die Y-Achse wurde schrittweise nummeriert.) Hat man erst das einhüllende Parallelogramm in die gewünschte Lage geschwenkt, kann man mit den bekannten Ellipsenkonstruktionen die Ellipse einzeichnen.

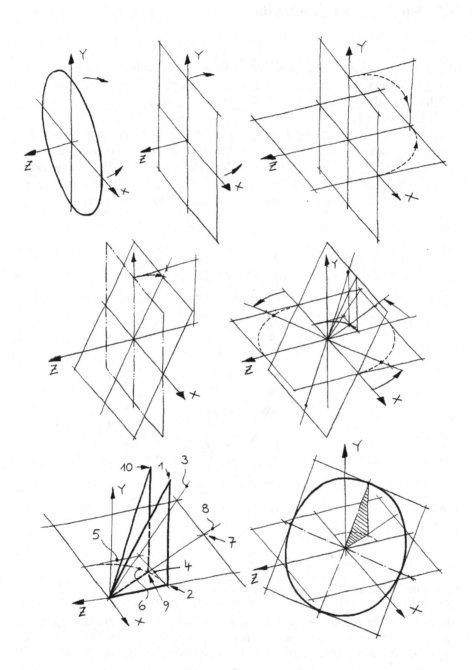

Bild 11.32 Konstruktion einer um zwei Achsen geneigten Ellipse:
Konstruktionsreihenfolge nummeriert.

Perspektivische Darstellung von Ellipsen. Manchmal tritt der Fall auf, daß durch das schiefe Schneiden von Bohrungen oder Rundstäben elliptische Flächen entstehen, die perspektivisch abgebildet werden müssen. Unter der Voraussetzung, daß eine Ellipse auch in anderen Blickrichtungen immer wieder eine Ellipse ergibt, lassen sich diese Formen relativ einfach abbilden.

Eine große Hilfe ist hier wieder das einhüllende Parallelogramm – das diesmal auch in Wirklichkeit ein Parallelogramm ist.

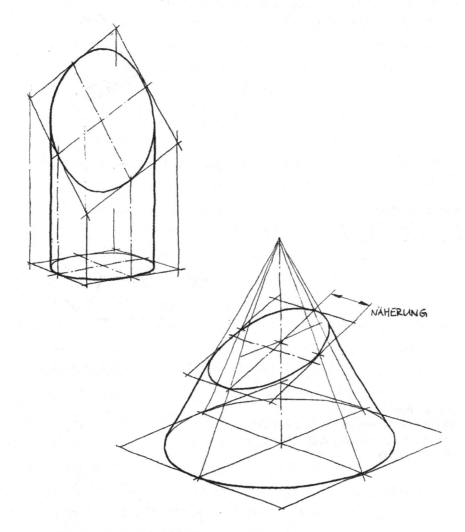

Bild 11.33 Ellipsen, die wieder als Ellipsen abgebildet werden

Übungsaufgaben zu geneigten Ellipsen:
(Die Abmessungen sollen nur die Größenordnung angeben.)

Übungsaufgabe 11.12:
Zeichnen Sie ein pultartiges Gehäuse aus SW, 22,5° mit 3 verschiedenen Bohrungen (Ø 30
bis 50 mm) für Rundinstrumente in der Pultfläche; je 4 Befestigungsbohrungen.

Übungsaufgabe 11.13:
Zeichnen Sie (vergrößert) einen in der Pultfläche
angebrachten Drehknopf aus SW, 22,5° .

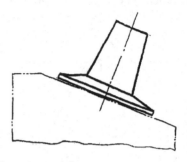

Bild 11.34 Drehknopf

Übungsaufgabe 11.14:
Zeichnen Sie einen segmentierten Rohrkrümmer
Ø 30 mm aus OSO, 22,5°.

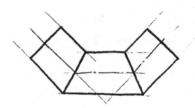

Bild 11.35 Segmentierter Rohrkrümmer

Übungsaufgabe 11.15:
Zeichnen Sie stilisiert ein Schrägsitzventil (1")
(Spindel und Handrad vereinfacht, ohne Arme) aus
SSO, SO, und OSO unter 22,5°.

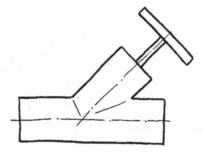

Bild 11.36 Schrägsitzventil

12 Standardformen in der Perspektive

Die Kreisformen bestimmter Maschinenelemente wiederholen sich beim Konstruieren in der Perspektive immer wieder. Man sollte sie bei Bedarf ein erstes Mal sorgfältig konstruieren. Dadurch prägen sich die Formen gut ein und stehen beim nächsten Mal als fertige Bilder in der Vorstellung zur Verfügung.

Konzentrische Ellipsen. Zwei Ellipsen, die nahe beeinander liegen, stören sich mit ihren einhüllenden Parallelogrammen. Man sollte die äußere Ellipse zuerst konstruieren und die Form der inneren aus der äußeren ableiten.

1. Äußere Ellipse sorgfältig konstruieren.

2. Durchmesser der inneren Ellipse markieren. Die Konturen beider Ellipsen verlaufen *nicht in konstantem Abstand*, sondern in Richtung der großen Achsen mit großem Abstand und in der Richtung der kleinen Achse mit kleinem Abstand.

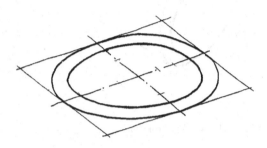

Bild 12.1 Konzentrische Ellipsen

(Wenn man diesen Zusammenhang auch nur ansatzweise beachtet, gewinnt die Form deutlich an Realismus.)

3. Innere Ellipse aus vier Bogen ziehen.

Axial versetzte Ellipsen bei Senkungen. Wenn der axiale Versatz kleiner als etwa 10 mm ist, braucht man ebenfalls *nur eine* Ellipse genau zu konstruieren. Man verschiebt die Kontur der Ellipse oder Teile davon einfach parallel, indem man einige Strecken parallel zur Achse abträgt.

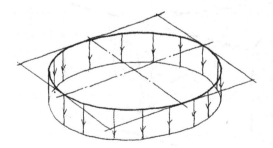
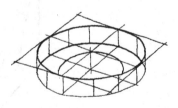

Bild 12.2 Axial versetzte Ellipsen

Fasen. Fasen haben nur Symbolcharakter, d.h. ihr Winkel und ihre Größe spielen eigentlich keine Rolle. In einer *isometrischen* Perspektive ist die Konstruktion sehr einfach: Man legt das etwas (nach Gefühl) kleinere einhüllende Parallelogramm der kleineren Ellipse in die stumpfe Ecke des Parallelogramms des Wellenendes. Die Seiten des kleineren Parallelogramms halbieren, um die 4 Ellipsenpunkte zu erhalten. Erst die kleine Ellipse zeichnen, dann die große. In einer Dimetrie oder Trimetrie ist eine Fase nicht so einfach zu konstruieren.

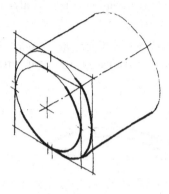
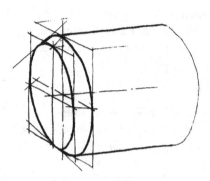

Bild 12.3 Fasenkonstruktion

Ausrunden von Ecken. Man zeichnet für alle Ecken nur einmal eine Ellipse und übernimmt dann für jede Eckensituation den entsprechenden Bogen. Man braucht für jede Hauptebene eine eigene Ausrundungsellipse. Wo zwei Ausrundungen mit gleichem Radius aufeinandertreffen, ist der Ausrundungshilfskörper eine Kugel.

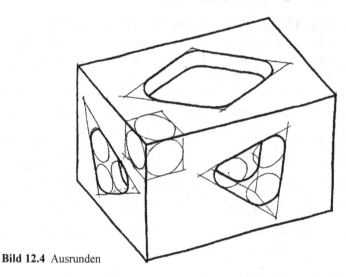

Bild 12.4 Ausrunden

Wellenenden. Manche Formen erfordern die Konstruktion von Durchdringungen. Sie werden mit Ellipsen genauso konstruiert wie mit Kreisen. Manchmal benötigt man eine Ellipse nicht als Körperkante, sondern als Hilfslinie zur Konstruktion der Punkte einer Schnittlinie.

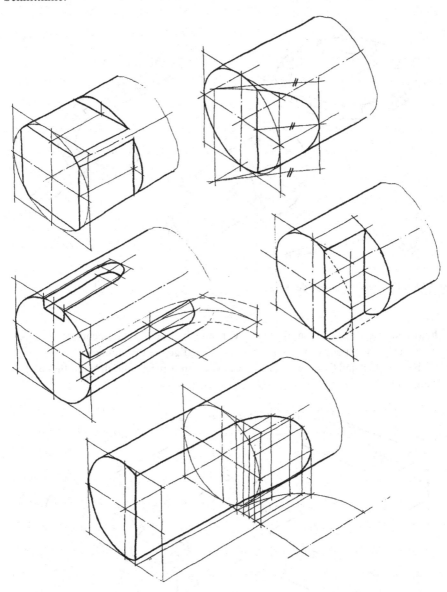

Bild 12.5 Wellenenden

Kugel, Torus, Schlauch, gebogener Draht. Eine Kugel bleibt in allen Blickrichtungen immer eine Kugel. Der Mittelpunkt fällt mit der Ellipse zusammen. Den zu zeichnenden Durchmesser der Kugel erhält man aus der großen Achse der Ellipse. "Extrudierte" Formen mit kreisförmigem Querschnitt erhält man mit der Perlenkettenkonstruktion:

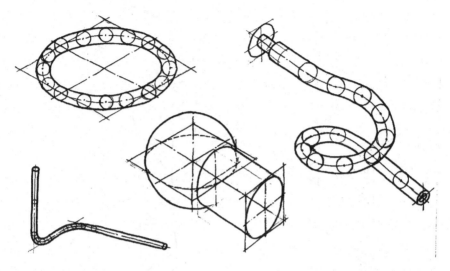

Bild 12.6 Konstruktionen mit der Kugel

Schrauben, Gewinde. Durch die starke Vereinfachung der Schraubendarstellung ergibt sich in der Perspektive keine besonders befriedigende Darstellung. Verschraubungen und Gewinde sollte man am besten stilisiert (durch Mittellinien) darstellen.

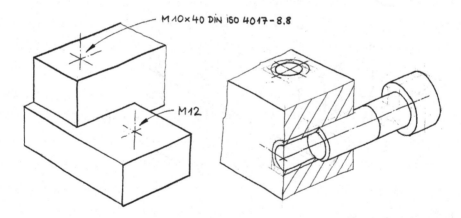

Bild 12.7 Schrauben und Gewinde

Sterne. Wenn auf einem Kreisumfang sich wiederholende Formen in radialer Richtung angeordnet sind, wie Arme von Rädern, Verzahnungen, Schlitze, Rippen, vermutet man bei ihrer perspektivischen Abbildung Schwierigkeiten: Weil sich die Formen je nach Winkellage auf der Ellipse verschieden und scheinbar regellos verzerren.

Die Lösung des Problems gelingt mit einer Hilfsellipse. Ein Kreis hat in allen Richtungen denselben Durchmesser. Bildet man ihn perspektivisch ab, gibt die entstehende Ellipse für jede Richtung den korrekt verkürzten Durchmesser an. Mit dieser Hilfsellipse lassen sich schwierig erscheinende Formen elegant konstruieren.

1. In der Normalprojektion sieht man, daß alle fünf Arme des Sterns dieselbe Dicke haben wie der Hilfskreis in der Mitte. Die Arme des Sterns sind der Deutlichkeit halber übertrieben dick.

2. Bildet man die Konstruktion perspektivisch ab, so wird aus dem Hilfskreis die Hilfsellipse.

3. Die Tangenten an die Hilfsellipse geben die jeweilige Dicke jedes Armes an.

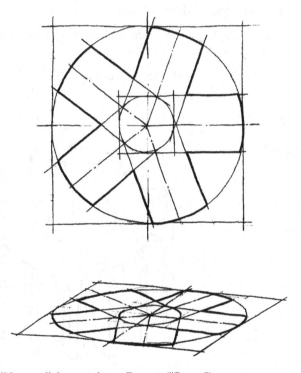

Bild 12.8 Abbildung radial angeordneter Formen ("Sterne")

Zahnräder. Sie werden das nie brauchen – es zeigt nur, daß Schwieriges oft einfach ist. Bei Zahnrädern muß man aus der Zahnteilung π*m die Zahndicke am Kopfkreis und am Fußkreis schätzen. In der Regel kann man das Verhältnis der Zahndicken mit 1:2 annehmen. Nur bei kleinen Zähnezahlen und positiver Profilverschiebung werden die Zähne etwas spitzer und man wird 1:3 annehmen. Räder stellt man nur mit einigen Zähnen dar – man kann die Abmessungen der Zähne aus der Zahnteilung entwickeln. Bei Ritzeln kann man alle Zähne darstellen – man sollte die (darzustellende) Zähnezahl aber so runden, daß man die Zähne leicht konstruieren kann: (10), 12, 16, (20), 24 Zähne.

1. Man zeichnet zunächst die Stirnseite des Zahnrades: Das einhüllende Parallelogramm der Ellipse des Kopfkreises, die Ellipse des Kopfkreises und die Ellipse des Fußkreises.

2. Der Umfang wird in die gewünschte Zähnezahl geteilt.

3. Man konstruiert sich die beiden Hilfsellipsen – eine für die Zahndicke am Kopfkreis und eine für die Zahndicke am Fußkreis.

4. Man zeichnet die Hilfsellipsen aus der Vorstellung an die entsprechenden Stellen am Umfang des Zahnrades, ohne sie dabei zu drehen.

5. Es stört den Gesamteindruck nicht, die Zahnflanken eben zu zeichnen und sie aus Tangenten an die Hilfsellipsen zu entwickeln.

6. Die Breite des Zahnrades wird durch Extrusion erzeugt.

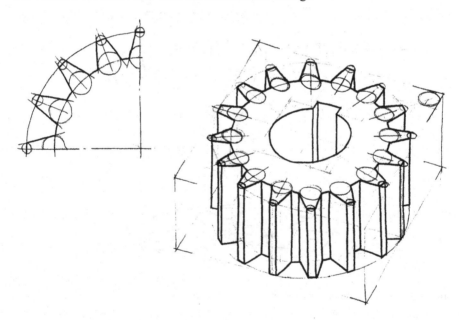

Bild 12.9 Konstruktion eines Zahnrades

Man kann die Konstruktion auch pausen
und die Zahnflanken mit leichten Bogen
als Evolventen ausbilden.

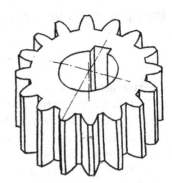

Bild 12.10 gepaustes und verbessertes Zahnrad

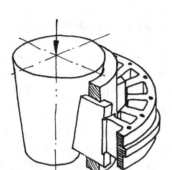

Bild 12.11 Generator-Ständer

Übungsaufgaben, Höhenwinkel 22,5 oder 30°, mit Abmessungen nach Augenmaß:

Übungsaufgabe 12.1:
Zeichnen Sie eine (gestanzte) Unterlegscheibe DIN 125 – A 21

Übungsaufgabe 12.2:
Zeichnen Sie eine Senkung DIN 74 - SA 24 (Zylindrische Senkung mit kleinem Durchmesser
für Sechskantschrauben und -muttern, mit Fase)

Übungsaufgabe 12.3:
Zeichnen Sie einen dickwandigen Schlauch mit einem Außendurchmesser von ca.12 mm und
einer Länge von ca. 200 mm, dessen eine Öffnung senkrecht und die andere waagerecht
zeigt.

Übungsaufgabe 12.4:
Zeichnen Sie einen O-Ring 8 x 2 (Innendurchmesser 8, Ringdicke 2 mm) im Maßstab 5:1.

Übungsaufgabe 12.5:
Zeichnen Sie eine Luftspule mit 4 Windungen, 20 mm Durchmesser und 2 mm Drahtdurch-
messer.

Übungsaufgabe 12.6:
Zeichnen Sie stilisiert eine Modelleisenbahn-Drehscheibe (Durchmesser ca. 250 mm) mit 9
Gleisanschlüssen (HO) alle 10°.

13 Perspektivische Fertigungszeichnungen

Die Perspektive hat den Vorteil großer Anschaulichkeit, aber den Nachteil, für zusätzliche Informationen nur begrenzt aufnahmefähig zu sein. Bei der 3-Ansichten-Zeichnung ist es umgekehrt: Sie dient der Vermittlung von Fertigungsinformationen, hat dafür aber den Nachteil, nicht anschaulich zu sein. Es gibt bestimmte Situationen, in denen man die Vorteile beider Darstellungsarten gerne kombinieren würde: Bei Präsentationen, Versuchsvorrichtungen, im Musterbau, bei Änderungen, in der Qualitätssicherung, im Kundendienst, bei der Montage usw. In gewissen Grenzen – an die man sich allerdings selbst herantasten muß – kann man perspektivische Darstellungen vorteilhaft mit Fertigungsinformationen versehen.

Die wichtigsten Ausdrucksmittel in einer Fertigungszeichnung sind Schnitte und Bemaßung. Beides muß an die perspektivische Darstellungsweise angepaßt werden. Ein Problem ist die nur 2-dimensionale Symbolik: Oberflächengüte, Kantenzustände, Form- und Lagetoleranzen, Wärmebehandlung, Zentrierbohrungen, Beschriftung usw.

13.1 Schnitte, Ausbrüche, Details

Schnitte und Ausbrüche helfen, Zeichenarbeit zu sparen und verdeckte Einzelheiten sichtbar zu machen. Darüberhinaus verleihen sie einer perspektivischen Darstellung Plastizität und Realismus. In perspektivischen Darstellungen werden Schnitte und Ausbrüche zu natürlichen Bildbestandteilen. Das sollte man beim Zeichnen berücksichtigen.

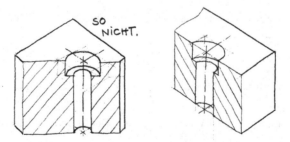

Bild 13.1 Wenn man die Schnittfläche *sehen* kann, sollte man möglichst parallel zu den Symmetrie- oder Hauptebenen schneiden.

Die Regel, nur unter 45° zu schraffieren, sollte man im übertragenen Sinn befolgen.

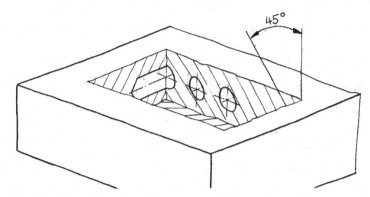

Bild 13.2 Die Schraffur so legen, daß es aussieht, als würde die Schraffur
in Wirklichkeit um 45° geneigt sein.

Die Bruchflächen von Ausbrüchen sollten möglichst eben sein, damit die Schraffur geradlinig bleiben kann. Ebenso sollen Bruchlinien keinen größeren Bogen aufweisen – lieber kurze Unebenheiten. Der Übergang von einer Bruchfläche zur anderen wird durch eine dünne Linie dargestellt. Sie ist auch der Ort, wo die Schraffurlinien zusammenstoßen. Die Schraffur ist so auszuführen, als schneide man einen aus Schichten verleimten Körper.

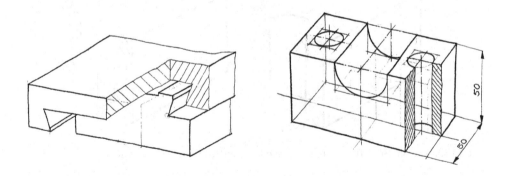

Bild 13.3 Die Bruchflächen sollen eben sein – nicht wellig.

In der 3-Ansichten-Zeichnung verlangt die Norm, daß die Bruchlinien 1 und 2 *schmal* zu zeichnen sind. Sieht man aber auf die Bruchfläche, müssen dieselben Kanten *breit* ausgezogen werden.

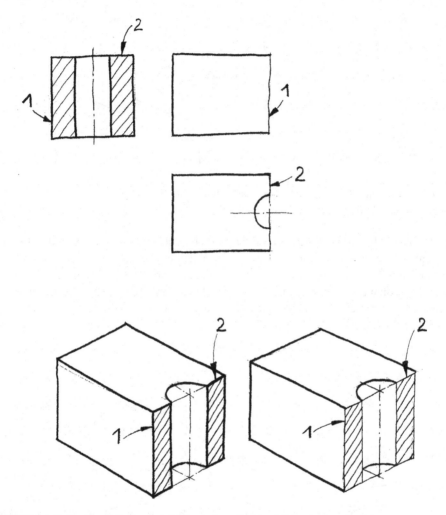

Bild 13.4 Sollen Bruchflächen mit breiten oder schmalen Linien begrenzt sein?

In der Perspektive führt das zu einem Konflikt: Linien 1 und 2 müßten entweder schmal oder breit gezeichnet werden. Vergleicht man die beiden Alternativen, scheint die "schmale" Version die sinnfälligere zu sein.

Empfehlung: Alle Kanten, die durch Schneiden und Ausbrechen entstehen und bei denen ein Linienbreitenkonflikt entsteht, werden schmal gezeichnet.

Auch in der perspektivischen Darstellung werden gewisse Teile nicht geschnitten: Wellen, Schrauben, Stifte.

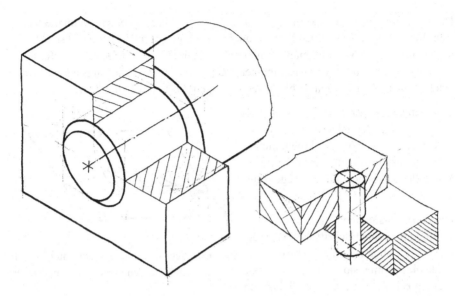

Bild 13.5 Teile, die man nicht schneidet

Details werden vom Hauptteil abgebrochen, parallel verschoben und vergrößert dargestellt. Die Lage des Details kann man mit einem dünnen Kreis angeben:

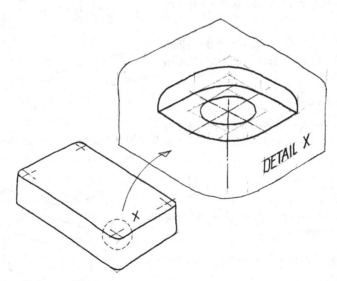

Bild 13.6 Details herausziehen

13.2 Bemaßung und Symbole

Die Bemaßung von perspektivischen Darstellungen ist dann geboten, wenn die Verständlichkeit bei verwinkelten Formen oder Anordnungen im Vordergrund steht und nur wenige Maße (Anschlußmaße, Hauptmaße, Prüfmaße, geänderte Maße) erforderlich sind – etwa bei Versuchsaufbauten, Reparatur- und Bedienungsanleitungen, Nacharbeiten, Änderungen, Fehlerbeschreibungen, Prüfvorschriften usw.

Eine realistische perspektivische Darstellung wird vom Betrachter nicht mehr bewußt als Zeichnung wahrgenommen, sondern verschmilzt mit der räumlichen Vorstellung des abgebildeten Gegenstandes.

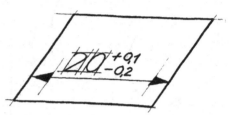

Um diese Illusion nicht zu stören, versucht man auch Schrift und Symbole perspektivisch abzubilden – obwohl ihnen die 3. Dimension fehlt. Man legt sie – entsprechend verzerrt – parallel zu den Hauptebenen der Abbildung.

Bild 13.7 Schrift und Maße werden mit Hilfe der einhüllenden Parallelogramme verzerrt.

• Maßhilfslinien und Maßlinien liegen in einer Ebene.

• Maßlinien liegen möglichst parallel zu den Achsen.

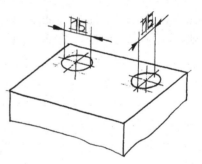

• Zahlen und Maßpfeile müssen in derselben Ebene wie Maßhilfslinien und Maßlinien liegen.

• Maßpfeile verzerren.

• Ebenen vermeiden, in denen die Lesbarkeit leidet.

Bild 13.8 Maßlinien und Schrift in einer Ebene

Häufiger Fehler:

1. Die obere Maßlinie liegt nur scheinbar parallel zu den horizontalen Flächen;

2. Die untere Maßlinie darf nicht einfach verschwinden.

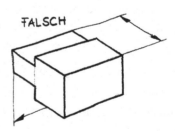

Bild 13.9 Falsche Maßlinien

Die gebogenen Maßpfeile von Winkelangaben sind Ellipsen (schwierig):

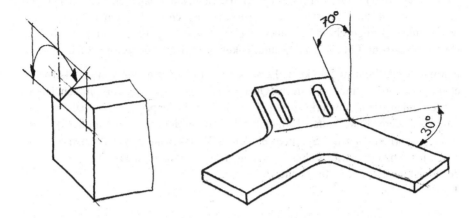

Bild 13.10 perspektivische Winkelangaben

Mit *mehrfachen* Maßhilfslinien kann man
Bezüge zwischen Formen herstellen, die nicht
in derselben Ebene liegen:

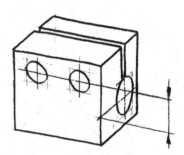

Bild 13.11 mehrfache Maßhilfslinien

Stark verkürzte Achsen sind schlecht
für die Bemaßung. Isometrie eignet
sich am besten zum Bemaßen.

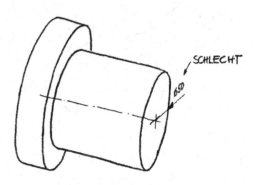

Bild 13.12 ungeeignete Ebenen für die
Maßeintragung

Die Bemaßung soll deutlich *außerhalb* des dargestellten Gegenstandes liegen, weil die Perspektive schon vom Prinzip (verkürzte Seiten, alle Ansichten aneinander) sehr gedrängt ist. Zahlen und Text müssen von unten oder rechts lesbar sein. Längere Texte werden unverzerrt geschrieben – aber möglichst weit weg von der perspektivischen Darstellung, damit Ebenheit und Räumlichkeit sich nicht gegenseitig stören.

Normalerweise braucht man keine Perspektive für die Bemaßung von Drehkörpern; aber es kann vorkommen, daß sie mit Quadern in einer Zeichnung vorkommen. Drehkörper sind insofern schwierig zu bemaßen, als ihnen in der perspektivischen Darstellung die "obere" bzw. "untere" Mantellinie fehlt, an der man sonst immer die Bemaßung anbringt. Man muß Symmetrielinien zur Kennzeichnung von Ebenen verwenden, um an unzugängliche Stellen zu gelangen. Die Rotationsachse ragt an beiden Enden gleich weit aus den Stirnflächen heraus.

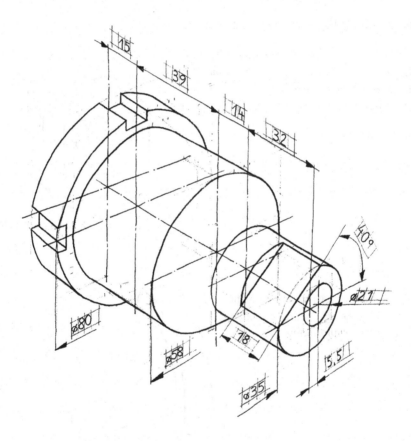

Bild 13.13 perspektivische Bemaßung eines Drehkörpers

Die Symbolik der Fertigungszeichnungen ist nicht mit Rücksicht auf perspektivische Zeichnungen entwickelt worden. Man muß sich zu jeder Situation eine Darstellungsart ausdenken, die den räumlichen Eindruck der Zeichnung möglichst wenig stört.

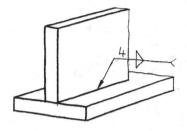

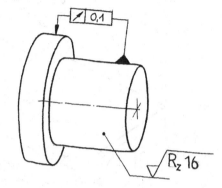

Bild 13.14 Schweißangaben

Bild 13.15 Oberflächenzeichen, Lagetoleranzen

Zentrierbohrungen zeigt man *bildlich*, wenn sie vorhanden sein müssen und *sinnbildlich*, wenn sie entfernt werden müssen. Freistiche nur mit Bezugslinie und Text angeben – ohne umlaufende Linie. Es ist vernünftig, Bezugslinien, die normalerweise mit Pfeilen an Kanten enden, in der Perspektive mit Punkten an den Flächen anzukleben. Für Schrift vorher *immer* eine Basislinie ziehen.

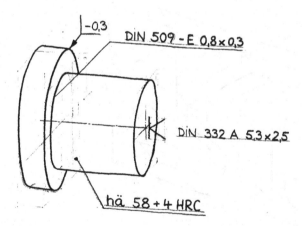

Bild 13.16 Zentrierbohrung, Freistich, Wärmebehandlung, Kantenzustand

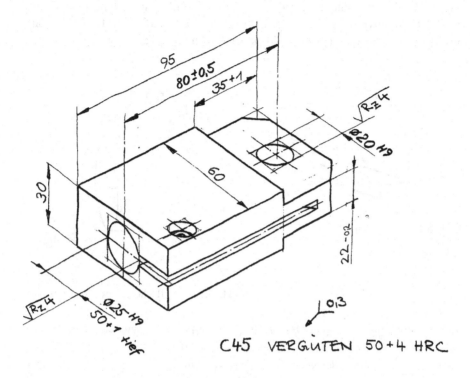

Bild 13.17 Beispiel für perspektivische Fertigungszeichnung (nicht vollständig bemaßt)

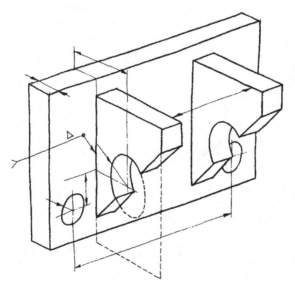

Bild 13.18 Beispiel für perspektivische Fertigungszeichnung (nicht vollständig)

Übungsaufgabe 13.1:

• Zeichnen Sie die Teile aus Bild 13.19 bis 13.22 perspektivisch in Illustrationsqualität.

• Machen Sie Kopien von Ihren Zeichnungen und bemaßen Sie die Teile.

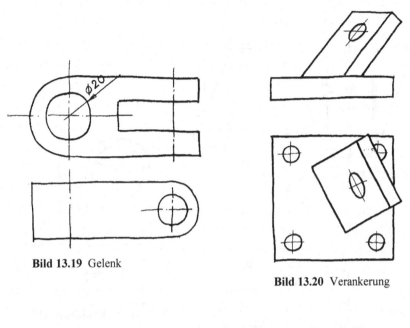

Bild 13.19 Gelenk

Bild 13.20 Verankerung

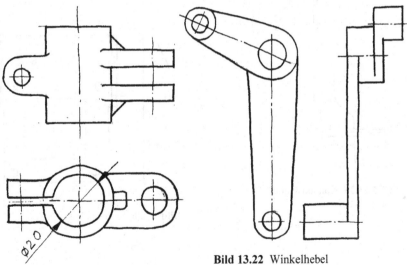

Bild 13.21 Befestigungsschelle

Bild 13.22 Winkelhebel

Übungsaufgabe13.2:

• Zeichnen Sie die Blechteile in Bild 13.23 bis 13.26 perspektivisch.

• Stellen Sie sich die Abwicklung vor und konstruieren Sie sie direkt in einem perspektivischen Koordinatensystem.

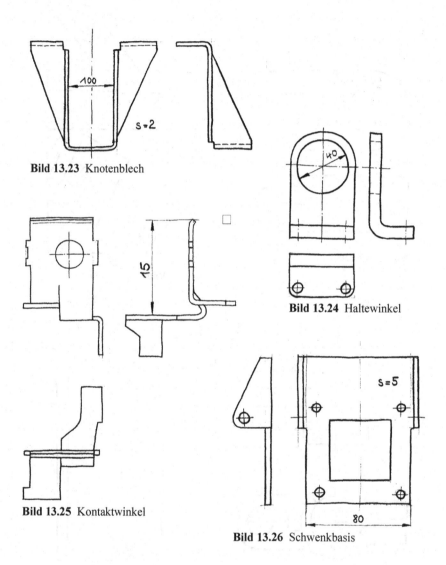

Bild 13.23 Knotenblech

Bild 13.24 Haltewinkel

Bild 13.25 Kontaktwinkel

Bild 13.26 Schwenkbasis

14 Zeichnen für Fortgeschrittene

14.1 Bauteile und Baugruppen

Je schwieriger die darzustellenden Dinge erscheinen (in Wahrheit sind sie nicht schwierig, sondern umfangreich), desto wichtiger ist es, sie geduldig, sorgfältig und systematisch zu konstruieren. Zeitdruck muß man abschütteln. Gerade wenn man es eilig hat, muß man übersorgfältig arbeiten, um das Risiko des 2. Versuches zu verringern. Insbesonde bei der Konstruktion des Gerüstes, in dem das Teil dargestellt wird, muß man als fortgeschrittener Anfänger so genau wie möglich arbeiten. Sind nämlich erst mal Einzelheiten eingezeichnet, läßt sich das Gerüst nicht mehr ändern. Zumindest am Anfang sollte man Formen, die durch die Perspektive ungewöhnlich verzerrt werd en, konstruieren und nicht erraten. Das Raten kostet mehr Zeit als das Konstruieren. Wieder hilft es, das Teil möglichst groß darzu stellen – 50% größer, als man spontan gedacht hätte. Auf DIN A3 hat man mehr Platz zum Konstruieren, und hinterher kann man die Zeichnung immer noch mit dem Kopierer passend verkleinern. Sie wirkt dann feiner und Formfehler fallen nicht mehr auf.

Stanz- und Biegeteile. Sie sind prädestiniert für die Perspektive. Der Winkel in Bild 14.1 wurde erst papierdünn konstruiert, und danach wurde die Dimension der Blechdikke ergänzt (Extrusion in 2 Richtungen).

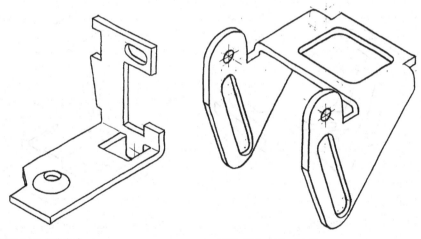

Bild 14.1 Winkel   **Bild 14.2** Gelenkteil

Das Gelenkteil in Bild 14.2 wurde aus dem Vollen gearbeitet, weil man sowohl Unter- als auch Oberseite des Blechs sieht. Das Ergänzen der Blechdicke würde hier nur Verwirrung stiften.

Kunststoffspritzteile. Sie sind häufig so verwinkelt, daß man sogar zwei perspektivische Ansichten zeichnen muß. Die Teile unten sind nur Übungsteile, mit denen man Selbstvertrauen erwerben soll – in der betrieblichen Wirklichkeit macht man sich ein Modellierungskonzept und geht damit zum CAD.

Bei der Schaltklaue in Bild 14.3 wurde erst der Querschnitt des oberen Teils erzeugt und dann in die Tiefe extrudiert. Die restlichen Formelemente wurden angeklebt oder ausgefräst. Das Lichtschrankengehäuse in Bild 14.4 wurde durch Zusammenkleben von Grundkörpern und Ausfräsen erzeugt.

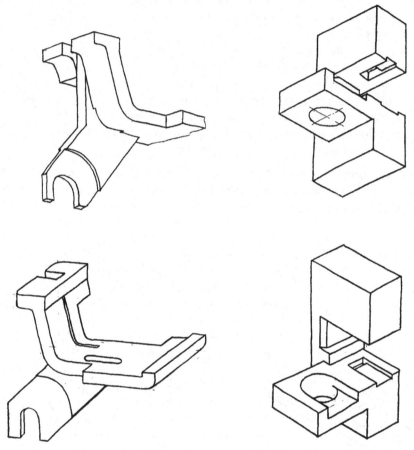

Bild 14.3 Getriebe-Schaltklaue   **Bild 14.4** Lichtschrankengehäuse

Lüfter. Ein Beispiel dafür, daß ein Teil schwierig erscheint, sich aber auf eine Fleiß-arbeit reduziert: Die Flügel werden zwischen zwei konzentrische Zylinder konstruiert. Die beiden linken Flügel sind zu dick, weil die Form nicht konstruiert, sondern erraten wurde. Eine Korrektur durch Radieren ist nicht möglich. In solch einem Fall muß man pausen: Papier drüberlegen und durchscheinende Linien dünn nachfahren; richtige Form ergänzen und ausziehen.

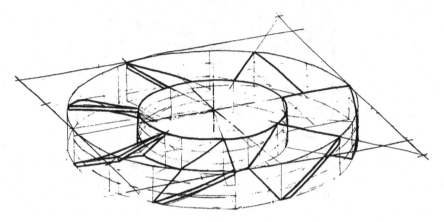

Bild 14.5 Lüfterrad mit Hilfslinien

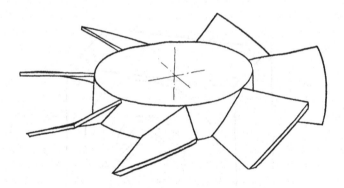

Bild 14.6 Lüfterrad gepaust und korrigiert

Vakuumpumpe. Die Form wurde erst in der (Dichtungs-)Ebene entwickelt und anschließend nach unten (selektiv) extrudiert.

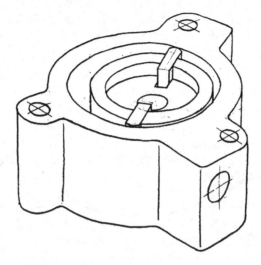

Bild 14.7 Vakuumpumpe

Schneckengetriebe. Das Gerüst für die Zeichnung ist das Gehäuse. Rechtzeitig vereinfachen: Einzelheiten wie Wellenabsätze, Verschraubungen, Paßfedern, Fasen usw. weglassen.

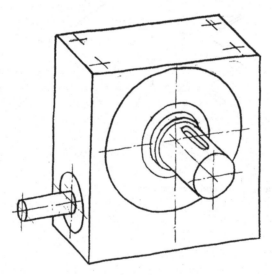

Bild 14.8 Schneckengetriebe

Motor. Das Gerüst für die Zeichnung besteht aus einem quadratischen Prisma für das zylindrische Gehäuse und einem senkrechten für den Klemmenkasten.

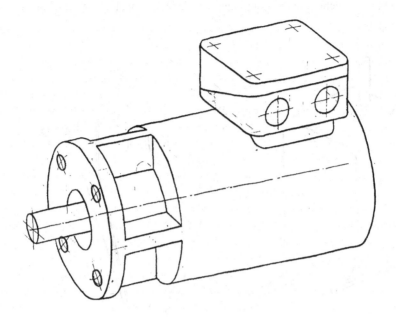

Bild 14.9 Motor

Spitzenlos schleifen.
Die Grundkonstruktion besteht hier aus den einhüllenden Quadern für die Scheiben. Die einzige Schwierigkeit ist die geneigte Ellipse der Regelscheibe.

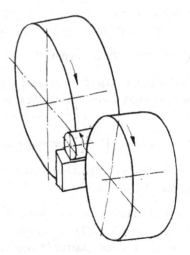

Bild 14.10 Prinzip des spitzenlosen Schleifens

Apparate. Viele strömungstechnische Apparate profitieren von einer perspektivischen Darstellung, weil die Stromlinien meist auch räumlich verlaufen. Behälter mit ungewöhnlichen Formen und mehreren Anschlüssen gewinnen sehr an Anschaulichkeit. Gleiches gilt bei Komponenten, die sauber und logisch verschlaucht werden müssen.

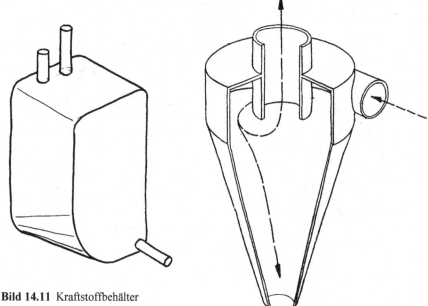

Bild 14.11 Kraftstoffbehälter

Bild 14.12 Hydrozyklon

Baugruppen. Es gibt Situationen, in denen es sinnvoll ist, komplizierte Baugruppen und Maschinen zu perspektivisch zu skizzieren:

- Wenn Sie noch nicht existieren, also nicht fotografiert werden können.

- Wenn sich eine Fotografie nicht zum Vervielfältigen eignet. Wenn sie verwirrende Details enthält, kann man das Wesentliche durchpausen. (Bedienungsanleitungen)

- Wenn Scannen und Bildbearbeitung nicht zur Verfügung stehen.

- Wenn das Ding nicht als 3D-Modell vorliegt und die CAD-Vorteile (z. B. Wiederverwendung) nicht benötigt werden.

- Es erscheint zunächst paradox: Wenn es schnell gehen muß. Wenn man sich erst einmal überwunden hat: Der Zeitaufwand für die folgenden Beispiele liegt bei 1...2 Stunden, was mit anderen Darstellungstechniken nur selten unterboten werden dürfte. Immer abschätzen: Beansprucht die Delegation an einen Spezialisten wirklich weniger Zeit als dieser wieder einsparen kann?

Beispiel **Feinbohrwerkzeug.** Es wurde formatfüllend auf DIN A3 konstruiert und
wirkt in dieser Größe nicht wie ein Körper, sondern wie eine Ansammlung von Linien.
Verkleinert man die Zeichnung stufenweise, nimmt die Anschaulichkeit zu. Hier wäre
auch Schattierung angebracht.

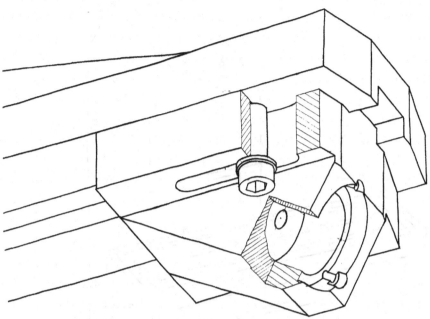

Bild 14.13. Verkleinerung 0.54-fach

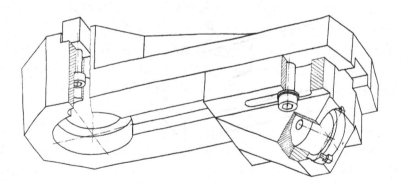

Bild 14.14. Verkleinerung 0.28-fach

Beispiel **Fräsmaschine.** Damit Darstellungen wie diese realistisch entwickelt wer-
den können, muß man sich vorher die Proportionen in einer normalen 3-Ansichten-
Skizze überlegen. Auch hier gilt, daß man mit Details sparsam umgehen muß, um den
Betrachter nicht zu verwirren.

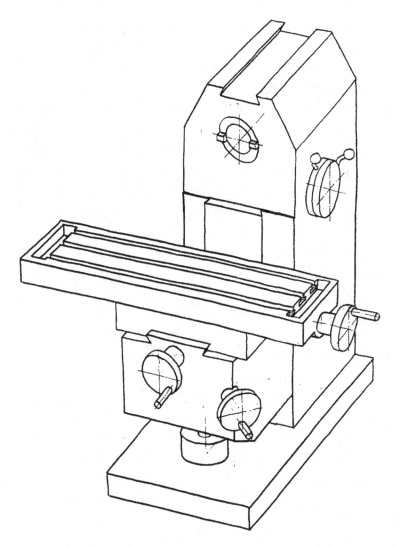

Bild 14.15. Fräsmaschine

Beispiel **Roboter.** Für eine kleine Publikation wurde ein Bild benötigt, aus dem die Freiheitsgrade, der Platzbedarf und das Aussehen eines bestimmten Montageroboters eindeutig zu erkennen waren. Die farbige Fotografie aus dem Prospekt eignete sich nicht für schwarzweißen Offsetdruck und sie enthielt zuviel Details, die das Publikum sicher nicht interessiert hätten. Das Scannen mit digitaler Bildnachbearbeitung hätte einschließlich aller Absprachen und Wege einen ganzen Nachmittag gekostet. Der Zeitbedarf für Vorüberlegung und Vorzeichnen betrug 70 min und für das Ausziehen und Nachradieren 20 min.

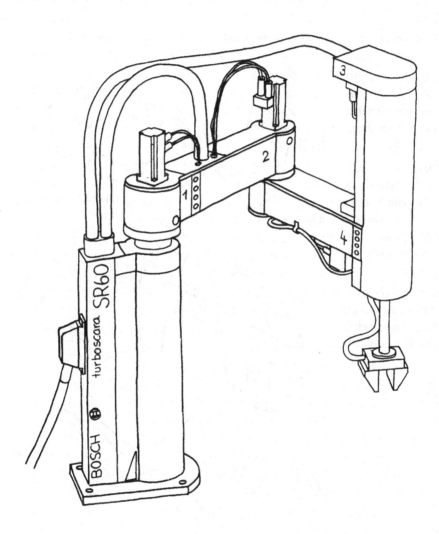

Bild 14.16 SCARA

14.2   Anschaulichkeit verbessern

Freiformflächen. Alle technischen Zeichnungen sind Strichzeichnungen, die nur die *Konturen* von Formelementen darstellen. Die Flächen zwischen den Formelementen sind im gedrehten und gefrästen Maschinenbau einfach: zylindrisch oder eben. Bei formgestalteten Konsumgütern oder z. B. auch bei Autos, Flugzeugen und Schiffen gibt es kaum gerade Linien: Freiformflächen. Das CAD macht es leicht, diese Flächen zu definieren, und es stellt die Flächen mit Beleuchtung und Reflexen auch anschaulich dar ("rendern").

Aber was kann man beim Skizzieren machen?

Unregelmäßige Formen muß man grundsätzlich "boxen" und innerhalb dieser Boxen verziehen, verschleifen, spannen, ausrunden usw.

Dann legt man auf die Oberfläche dünne Linien – so, als wenn man das Teil mit einem Laser abtasten oder mit einer Bandsäge in Scheiben schneiden würde.

Man kann die Linien auch enger oder weiter setzen, um Helligkeit oder Schatten anzudeuten.

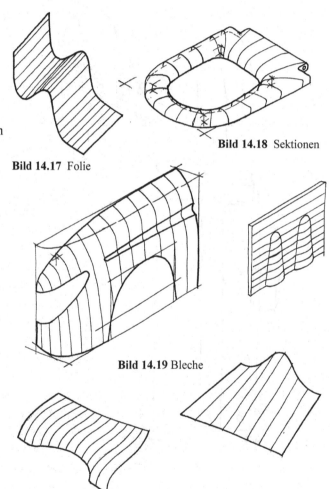

Bild 14.17 Folie

Bild 14.18 Sektionen

Bild 14.19 Bleche

Anschaulichkeit. Je größer ein Teil dargestellt wird, und je mehr Einzelheiten es enthält, desto mehr verliert eine perspektivische Darstellung wieder ihre Anschaulichkeit. Das liegt daran, daß beim Betrachten dauernd Prozesse ablaufen, die aus den Linien wieder Flächen und Körper rekonstruieren. Werden es zu viel Linien oder kommen immer wieder andere Linien ins Blickfeld, ist man gezwungen, kurz innezuhalten, um sich zu orientieren und das räumliche Bild wieder neu aufzubauen. Die Abbildung wirkt nicht anschaulich.

Die Zahl der Objekte, die man verarbeiten muß, kann man verringern, indem man mit Flächen arbeitet. (Bei einem Quader z.B. reduzieren sich 9 Linien auf 3 Flächen oder 1 Körper). Am leichtesten hat es das Auge, wenn es auf den Flächen Farbe, Oberflächenstruktur, Schatten, Reflexe, Kontrast findet.

Die Farben und die Grauwerte schränken die Kopierbarkeit ein, und das Design-Zeichnen (z.B. mit farbigen Filzstiften) ist nichts für gelegentliche Anwender. Um Linienzeichnungen anschaulicher zu machen, empfehlen sich Licht und Schatten – wegen des noch erträglichen Mehraufwandes. Eine weitere Steigerung der Anschaulichkeit erreicht man mit der Andeutung der Oberflächenstruktur (Gußoberfläche, Drehriefen, Schleifspuren, Holzmaserung, Betonstruktur usw.). Der Aufwand dafür ist meistens nicht zu rechtfertigen.

Zunächst aber zu Licht und Schatten: Die unbeleuchteten (dunklen) Flächen eines Körpers (Eigenschatten E) und der Umgebung (Schlagschatten S) lassen sich relativ einfach bestimmen. Die dunklen Flächen müßte man eigentlich schwarz anlegen. Das wäre viel Arbeit und würde das Auge strapazieren. Zum Glück ist ein völlig schwarzer Schatten auch selten: Meistens gibt es genügend vagabundierendes Licht, das den Schatten aufhellt.

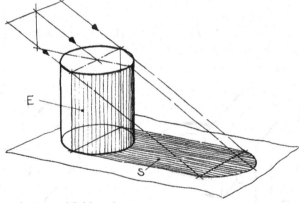

Bild 14.20 Eigenschatten und Schlagschatten

Weil Grauwerte nicht unbedingt kopierfähig sind, muß man sie durch Rasterung oder Schraffur nachbilden. Um die Arbeit gering zu halten, legt man die Lichtquelle so, daß der Gegenstand möglichst wenig Schatten wirft: über die (linke) Schulter des Zeichners. Wir wir gleich sehen werden, genügen schon kleinste Andeutungen von Schatten, um die Verständlichkeit einer Zeichnung deutlich zu verbessern. Das Schattieren von technischen Zeichnungen ist in Europa in Vergessenheit geraten und damit auch das zugehörige Vokabular. Im folgenden werden deshalb z.T. amerikanische Begriffe verwendet.

Shade-Lines. Eine Körperkante, an der eine *beleuchtete* Fläche an eine *unbeleuchtete* Fläche grenzt, wirft einen Schatten. Diesen Übergang zum Schatten kann man andeuten, wenn man die Kante doppelt breit schwarz auszieht. In ebenen Darstellungen erweitert man die *unteren* und *rechten* Kanten außerhalb der eigentlichen Kontur auf die doppelte Linienbreite.

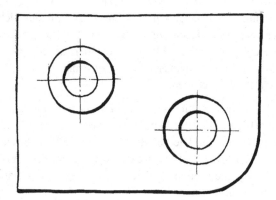

Bild 14.21 Shade lines:
wenig Aufwand – großer Effekt

Bei *räumlichen* Darstellungen zieht man alle Kanten, an denen *sichtbare* Flächen in *unsichtbare* übergehen, *außerhalb* der eigentlichen Kontur noch einmal nach, so daß sich eine doppelt breite Linie ergibt.

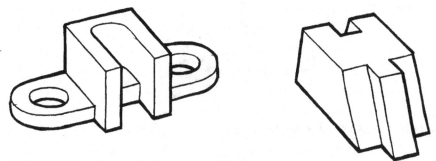

Bild 14.22 Shade lines in der Perspektive: Sieht gleich besser aus.

Freistellen. Wenn eine Linie hinter einer
näher im Vordergrund liegenden Linie
"verschwindet", dann unterbricht man sie.

Radieren ist nicht ratsam. Stattdessen
weißen Korrekturlack mit intaktem Pinsel
nehment.

Bild 14.23 Freistellen

Mit den eben vorgestellten Techniken erhält man mit geringem Aufwand gefällige Bilder. In vielen Fällen hätte man gerne eine deutlichere Wirkung, die man nur mit "richtigen" Schatten erzielt. Der Zeichner muß deshalb wissen, welche Flächen hell oder dunkel oder verlaufend erscheinen.

Grauwerte. Von den direkt beleuchteten Flächen erscheinem dem Betrachter diejenigen am hellsten, deren Flächennormale den kleinsten Winkel zur Beleuchtungsrich-
tung bildet (Lichteinfallswinkel).

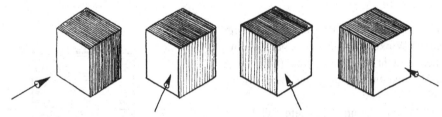

Bild 14.24 Helligkeit einer Fläche als Funktion der Betrachtungsrichtung
(bei horizontalem Lichteinfall)

Kommt das Licht aus einer beliebigen Richtung,
erhält man eine eindeutig zu bestimmende Hel-
ligkeitsabstufung der Flächen. Je mehr verschieden orientierte Flächen der Körper hat, desto
mehr Grauwerte gibt es.

Um Arbeit zu sparen, arbeitet man am besten
nur mit "weiß" (für die beleuchteten Flächen)
und "dunkel" (für den Schatten).

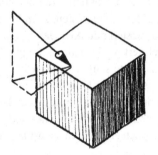

Bild 14.25 Helligkeitsabstufung

Punktieren und Schraffieren. Grautöne müssen bei sog. Strich-Zeichnungen durch Schwarz und Weiß angedeutet werden: Entweder durch Punkte, wie bei der Rasterung für Offsetdruck oder durch mehr oder weniger feine Schraffurlinien wie beim Kupferstich. Mit Punktieren (stippling) lassen sich viele und auch verlaufende Grauwerte realisieren. Man benutzt am besten einen senkrecht gehaltenen dünnen Filzstift und arbeitet nur auf Kopien. Das Punktieren kostet aber viel Zeit. Schraffieren geht viel schneller; die erzielbaren Grauwerte bleiben aber recht hell. Es genügt, wenn man sich auf einen einzigen Grauwert für den Schatten beschränkt.

Man kann Flächen auch nur teilweise schraffieren. Schraffur muß gegenüber den Konturlinien zurücktreten. Es ist deshalb wichtig, daß die Schraffurlinien sehr schmal bleiben: Die Mine anschärfen.
Lieber zu wenig als zuviel schraffieren.

Bild 14.26 Punktieren und Schraffieren

Rotationskörper. Konstruiert man sich einmal die Winkel, mit denen das parallel einfallende Licht reflektiert wird, erhält man die Helligkeitsverteilung eines beleuchteten Rotationsköpers:
Bei 1 beginnt der unbeleuchtete Teil des Zylinders, und bei 6 wird das Licht vom Betrachter weg reflektiert. Diese Zonen müssen den dunkelsten Grauwert erhalten. Bei 3 und 4 werden die einfallenden Strahlen zum Betrachter reflektiert. Hier erscheint die Oberfläche am hellsten. Zum Schatten hin wird sie stetig dunkler. Je diffuser das Licht reflektiert wird (matte und rauhe Oberflächen), desto sanfter ist der Übergang.
Bei spiegelnder Oberfläche dagegen gelangen nur die an der Stelle 3 und 4 reflektierten Strahlen zum Betrachter und alle anderen Zonen erscheinen scharf abgegrenzt schwarz.

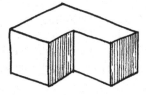

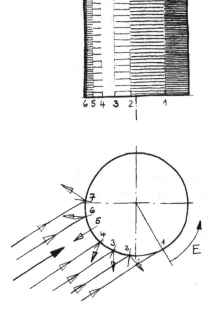

Bild 14.27 Helligkeitsverlauf am Zylinder

Es gibt ein bewährtes Rezept zur Schattierung von Zylindern: Man wählt einen dem Licht zugewandten 90°-Sektor und läßt ihn weiß; die Mantelflächen auf beiden Seiten schattiert man, indem man die Zwischenräume fortlaufend halbiert.

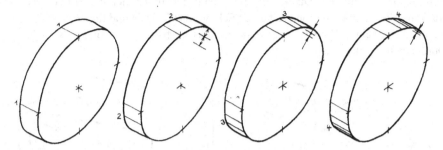

Bild 14.28 Schattieren durch fortlaufendes Halbieren: Das kann man routinemäßig machen.

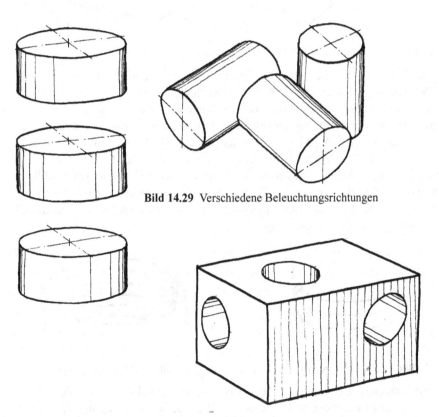

Bild 14.29 Verschiedene Beleuchtungsrichtungen

Bild 14.30 Bohrungen sind dunkler als Bolzen. Um mehr Schraffur unterbringen zu können, macht man den weißen Sektor kleiner

Die Schattierung von Zylindern und Bohrungen mit Mantellinien hat den Vorteil, schnell und einfach zu sein. Man erzielt obendrein den Eindruck einer sehr glatten, genau bearbeiteten Oberfläche. Manchmal gibt es Situationen, wo man lieber die Drehriefen andeuten möchte: Dann schraffiert man in Umfangsrichtung mit Ellipsenstücken. Wieder läßt man zunächst einen Sektor von 90° weiß und fügt danach in den weißen Sektor ein 15° bedeckendes Band ein. Das Verfahren ist besonders bei großen Durchmessern schwierig.

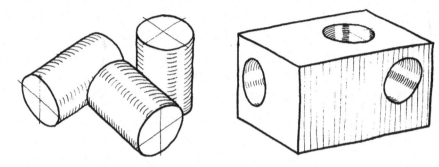

Bild 14.31. Schattieren mit Drehriefen und Frässpuren

Gewinde. Die aus der ebenen Darstellung entlehnte Symbolik für Gewinde wirkt in der Perspektive tot und leer (s.S. 178). Mit ein wenig Mühe, die ja vielleicht zur Routine wird, kann man in wichtigen Fällen auch die Gewindegänge andeuten:
Beim Außengewinde zeichnet man eine Folge von halben Ellipsen, die man auf der Schattenseite mit einer Art Maikäfer-Muster versieht. Für die Schönheit der Ellipsen hilft es, wirklich "Ellipsen" zu denken und nicht etwa "parallele Abstände zur vorhergehenden Linie". Ein guter Trick ist auch, sich anstelle der gezeichneten eine wirkliche Schraube vorzustellen und dann mit dem Stift die Gewindegänge der *gedachten* Schraube nachzufahren. Die Gewindesteigung am Umfang vorsichtig markieren und die Gewindegänge dünn vorzeichnen.

   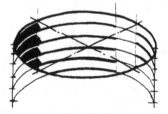

         Bild 14.32 Außengewinde   **Bild 14.33** Innengewinde

Beim Innengewinde zeichnet man ebenfalls eine Folge von Ellipsen, die dem Kernlochdurchmesser entsprechen. Im Schatten füllt man die Gewindegänge bis auf die glänzende Gewindespitze schwarz auf, und gegenüber läßt man einen Streifen als highlight frei.

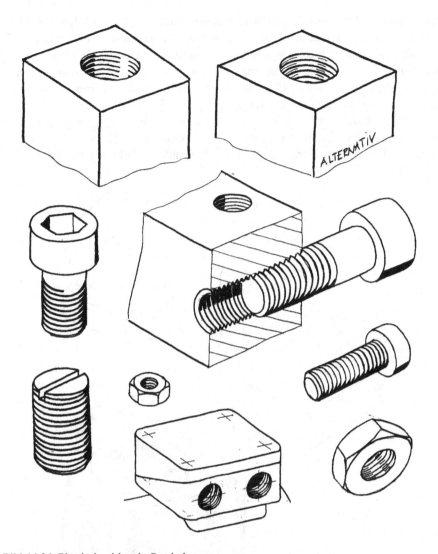

Bild 14.34 Plastisch wirkende Gewinde

Die Erfahrung zeigt, daß eine *detailreiche* Zeichnung durch Schattierung nicht immer übersichtlicher wird. In den meisten Fällen des Alltags wird es sich nicht lohnen,
Gewindegänge zu zeichnen oder Bilder sorgfältig zu schattieren. Schattierung hilft
aber dem Auge, die geometrischen Grundformen schneller zu verstehen. Deshalb sollte man sie einsetzen, um einfache Gegenstände ästhetischer oder attraktiver aussehen
zu lassen. Auf jeden Fall ist es sinnvoll, einmal selbst mit Schattierung experimentiert
zu haben: Im Fall des Falles steht sie einem dann als Ausdrucksmittel zur Verfügung;
und beim Schnellzeichnen klärt ein kleiner Schatten rasch räumliche Verhältnisse.

Oberflächen und Kanten. Es gibt viele Maschinenelemente, die nach dem Schmie-
den oder Gießen spanend nachbearbeitet werden. Man muß also ein Gemisch einerseits
aus rauher und glatter Oberfläche und andererseits aus runden und scharfen Kanten
darstellen. Die beste Gußoberfläche erhält man mit punktieren – mit dem senkrecht gehaltenen "hämmernden" Füller. Eine Fläche von 100 x 100 mm kostet einen aber etwa
1/2 Stunde, was mit dem Geist des Freihandzeichnens nicht vereinbar ist. Lichtkanten
werden bei kleinen Skizzen mit dünnen, regellos unterbrochenen Linien angedeutet.
Bei größeren Skizzen nimmt man 2 bis 3 parallel verlaufende unterbrochene Linien.
An den Ecken, wo mehrere Kanten zusammenlaufen, bleibt ein weißer Fleck
(highlight).

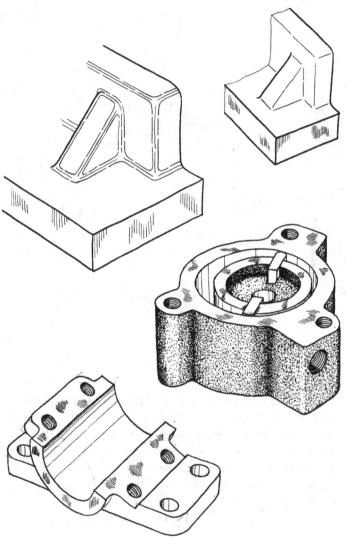

Bild 14.35 Spanend bearbeitete Gußteile

14.3   Schnell zeichnen

Obwohl Schnelligkeit das Hauptargument für das Freihandzeichnen ist, sollte man *auf keinen Fall* Schnelligkeit trainieren: Zeichnen ist nicht etwa ein Sport, für den Bewegungsabläufe optimiert werden müssen, sondern die Verarbeitung von geometrischen Grundformen zu Bauteilen (oder auch Anordnungen), die eine Funktion erfüllen müssen.

Der größte Teil der Zeichenarbeit besteht aus zwei abwechselnd wiederholten geistigen Aktivitäten: erstens aus der Modellierung eines Gegenstandes und zweitens aus der Simulation – dem Durchspielen und Testen – der Funktion dieses Gegenstandes. Da man bei der Simulation gar nicht sorgfältig genug vorgehen kann, bleibt für das Zeit sparen nur noch das Modellieren; und das läßt sich erheblich vereinfachen und beschleunigen, wenn man in der Vorstellung über einen Vorrat fertiger Bilder verfügt: Wenn man einen Kreis, die Wellenenden, ein Walzprofil, eine Senkung, eine Schraube, usw. aus allen möglichen Blickrichtungen und ohne groß zu überlegen hinzeichnen kann: Schweres wird leicht durch noch Schwereres.

Wie schafft man sich diesen Bildervorrat? Indem man Bilder in Illustrationsqualität zeichnet. Dabei konzentriert man sich auf die innere Struktur der Dinge und ihre genaue Form, so daß sie sich ohne weiteres Zutun einprägen. Aber nicht nur die Bilder prägen sich ein, sondern auch Arbeitstechniken: Man muß über das Zeichnen an sich weniger nachdenken, die Zeichnungen werden "schöner", das Zutrauen in die eigenen Fähigkeiten steigt. Weil man nur über das Zeichnen von *Bildern* besser wird, sollte man nur mit Bildern üben: Also nicht seitenweise Geraden, Kreise, Ellipsen, Schraffur usw. zeichnen.

Schnelligkeit hängt auch davon ab, *für wen* man die Zeichnung macht: Wenn sie *für einen selbst* ist, kann man wie bei einem Stenogramm Schnelligkeit über die Schönheit stellen.

Ist die Zeichnung *für einen Gesprächspartner* gedacht, sollte man sich *lieber zu viel Mühe* machen – er wird schon rechtzeitig sagen, daß er es verstanden hat.

Bei einem größerem Publikum ist die Schönheit der Zeichnung wichtig: Der Mehraufwand beim Zeichnen wird durch das schnellere Begreifen ja n-fach wieder wettgemacht.

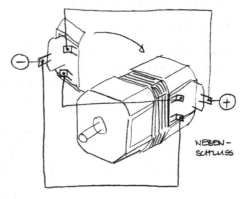

Bild 14.36 Anschlußschema, dauert 1 min

Regeln für den Umgang mit der Schnelligkeit:

- Man kann nur dann etwas schnell zeichnen, wenn der Gegenstand in der Vorstellung völlig klar ist.

- Skizzen, die hinterher schön aussehen sollen, muß man in aller Ruhe beginnen. Ein sorgfältiges Gerüst zeichnen.

- Immer wenn man sich unsicher fühlt: Nicht raten oder probieren, sondern die innere Struktur einer Form überlegen und dünn vorzeichnen.

- Das Schwierige kennen und vermeiden, das Leichte vorziehen.

- Man kann sich größere Ungenauigkeiten erlauben, wenn man auf DIN A3 zeichnet und dann auf DIN A4 verkleinert.

Frei gezeichnete Ellipsen. Nach den ersten zwanzig Ellipsen, die man in das umbeschriebene Parallelogramm eingeschmiegt hat, hat man ein gutes Formgefühl für Ellipsen. Man kann sie deshalb auch frei zeichnen. (An den Trick mit der Nähmaschine denken, S. 30.) Für die Zeichenbewegung der Finger ist es günstig, das Papier so zu drehen, daß die große Achse der Ellipse senkrecht steht. Für das Formgefühl ist es wichtig, immer eine *vollständige* Ellipse zu zeichnen. Wenn nur ein Teil der Ellipse sichtbar ist, trotzdem die *ganze* Ellipse dünn vorzeichnen und dann nur den sichtbaren Teil ausziehen.

Diese frei gezeichneten Ellipsen lassen sich leicht zu Zylindern ausbauen:

1. Mitte der Ellipse suchen.

2. Mitte der zweiten Ellipse (die Höhe des Zylinders) markieren.

3. Mantellinien zeichnen.

4. Kleine Halbachse der Ellipse zur zweiten Ellipse übertragen.

5. Zweite Ellipse frei zeichnen.

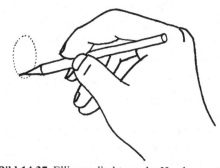

Bild 14.37 Ellipsen direkt aus der Hand

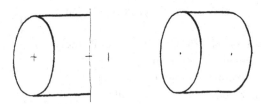

Bild 14.38 Zylinder aus einer Ellipse entwickelt

Es ist schwer, auf einen bereits gezeichneten Quader eine korrekte Ellipse, z.B. für eine Bohrung, frei zu zeichnen. Die umgekehrte Reihenfolge dagegen ist leicht: Erst die Ellipse zeichnen und danach den dazu passend verzerrten Quader:

1. Ellipse zeichnen.

2. Mittelpunkt schätzen und Vertikale zeichnen.

3. Horizontale Tangenten an die Ellipse zeichnen.

4. Parallel dazu die Oberkante des Quaders zeichnen.

5. Vertikale Tangenten an die Ellipse zeichnen.

6. Parallel dazu die Seiten des Quaders zeichnen.

7. Unterkante nach Gefühl.

8. Die große Hauptachse suchen.

9. Die Achse der Bohrung muß senkrecht zur großen Hauptachse liegen.

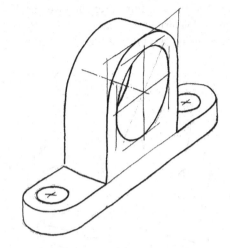

Bild 14.39 Lagerbock aus Ellipse entwickelt

10. Die Achse der Bohrung legt die Richtung der 3. Koordinatenachse fest.

11. Die "Tiefe" des zu zeichnenden Gebildes festlegen.

12. Gegenstand komplettieren, abrunden, schwarz ausziehen usw.

Konzentrische Ellipsen kommen häufig als Rohre, Ringe, Schläuche, Buchsen, Senkungen usw. vor. Auch sie lassen sich frei zeichnen: Erst die äußere Ellipse und danach die innere Ellipse zeichnen. Der Abstand der Linien an den großen Hauptachsen muß größer sein als an den kleinen Hauptachsen. Solange man sich noch unsicher fühlt, sollte man dünn vorzeichnen.

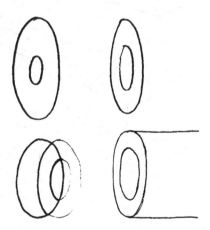

Bild 14.40 konzentrische Ellipsen

Vorstellen statt vorzeichnen. Im Gedächtnis sind nicht nur Bilder gespeichert, sondern auch die Kenntnis einfacher und komplizierter Dinge. Personen mit einem trainierten Vorstellungsvermögen können sich diese Dinge in ihrer Vorstellung aus verschiedenen Blickrichtungen ansehen oder auch einen "inneren Film" ablaufen lassen. Aus der Kenntnis des Dinges lassen sich beliebig viele Ansichten erzeugen. An die Stelle des dünnen Vorzeichnens tritt dann, daß man das darzustellende Ding so lange in der Vorstellung dreht und wendet, bis man die deutlichste Ansicht gefunden hat. Die bringt man dann direkt zu Papier. Vom Vordergrund zum Hintergrund zeichnen, damit die verborgenen Linien nicht wegradiert werden müssen.

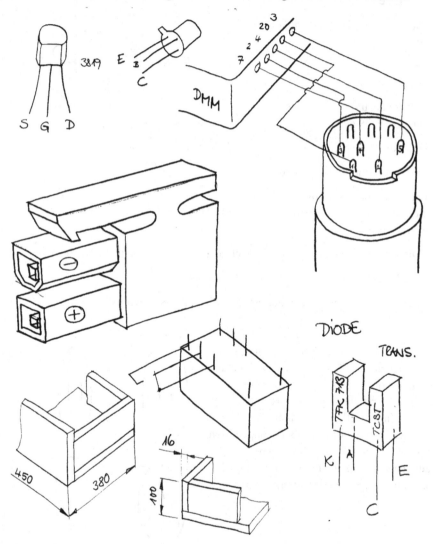

Bild 14.41 Fertige Formen ohne Vorzeichnen

15 Lösungen der Übungsaufgaben

Lösung 5.10:

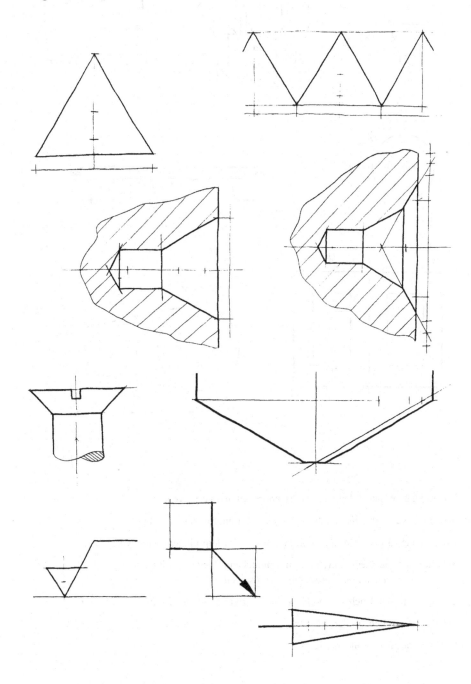

Lösung 6.1:

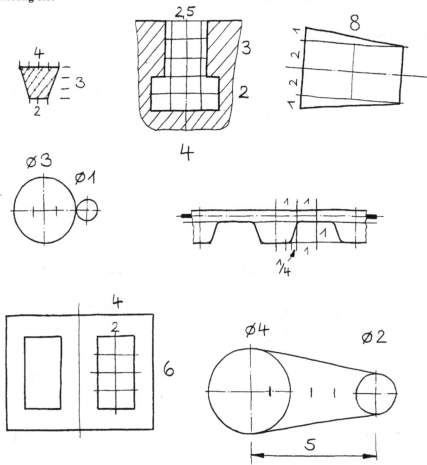

Lösung 6.2: Winkelhebel: 3 Buchsen anordnen und verbinden;

Welle mit Kettenrad: Kettenrad und Kugellager anordnen und verbinden;

Knotenblech: 3 Blechstreifen anordnen (übereinanderprojizieren) und verbinden;

Schraubstock: aus dem Vollen fräsen; Spindel anordnen und mit Griff verbinden;
auch: Aneinanderreihen und stapeln

gekröpfter Hebel: Buchsen und Hebel anordnen und verbinden, danach verformen;

Schablone: aus dem Vollen fräsen;

Gehäuse: aus dem Vollen fräsen;

Lösung 8.1:

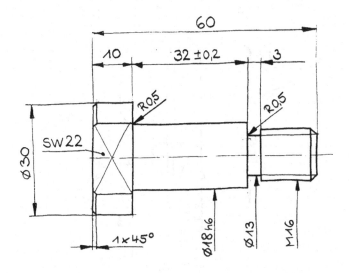

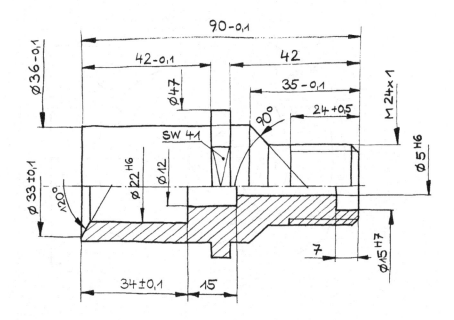

Lösung 8.1:

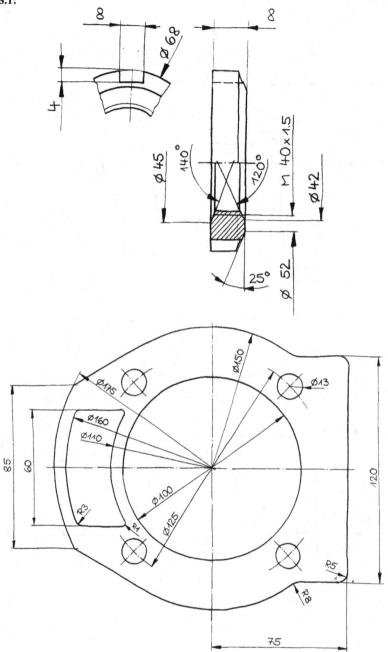

Lösung 8.2:

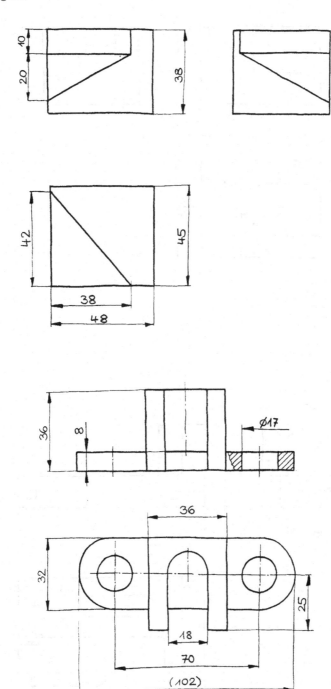

Lösung 8.2:

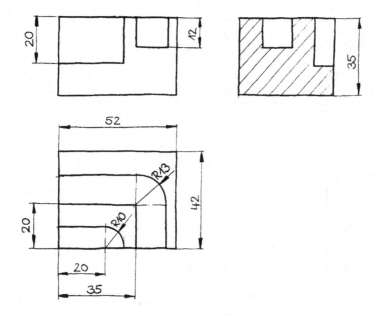

Lösung 8.2:

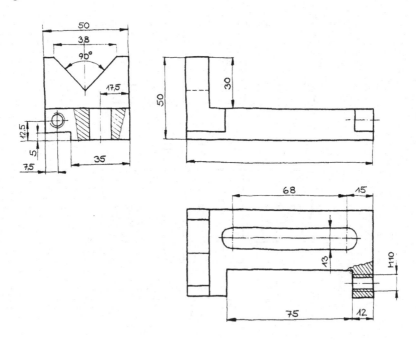

Lösung 8.2:

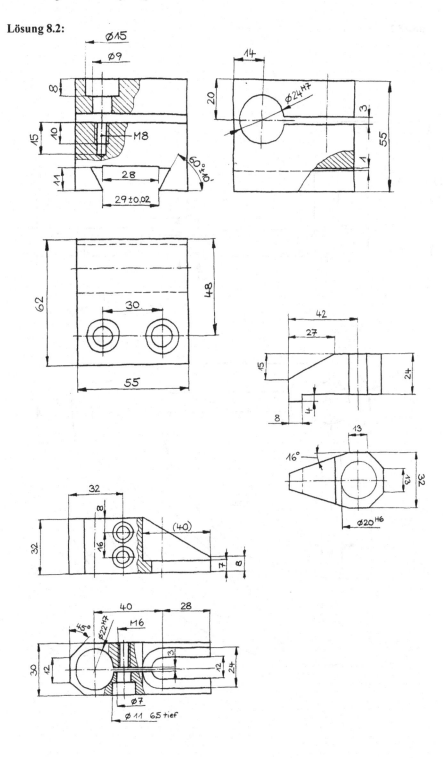

Lösung 8.2:

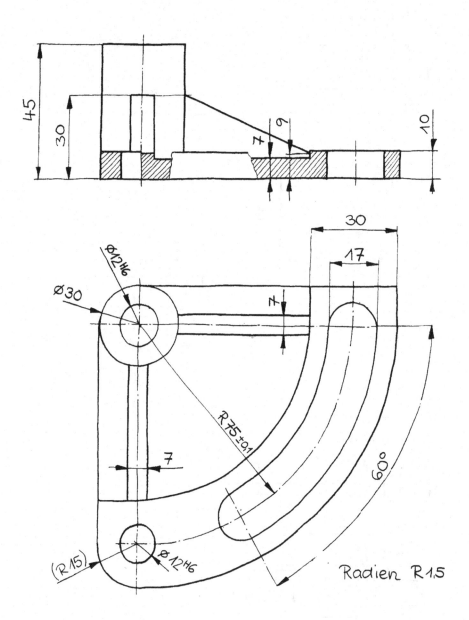

Lösung 9.2:

Lösung 9.3:

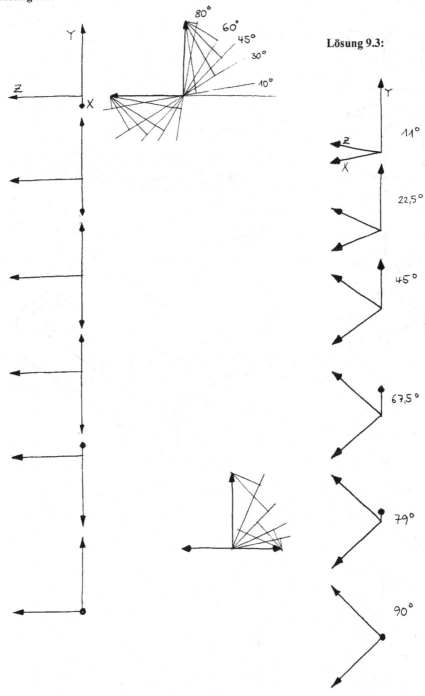

Lösung 9.4:

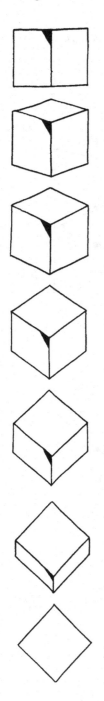

Lösung 9.5:

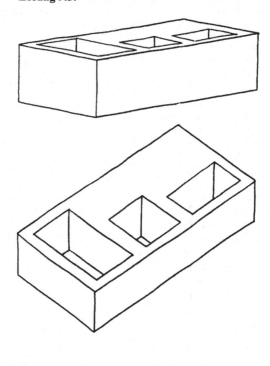

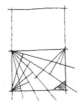

Lösung 9.5:

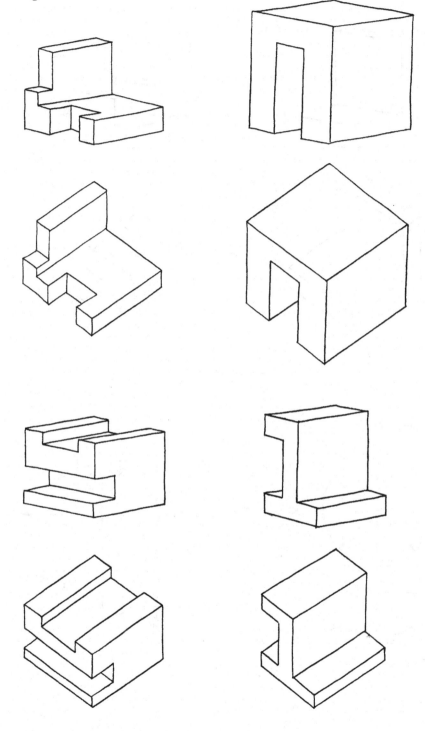

Lösung 9.5:

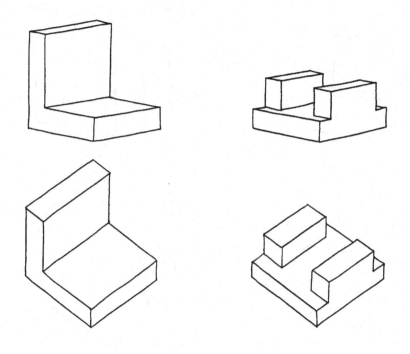

Lösung 9.6:

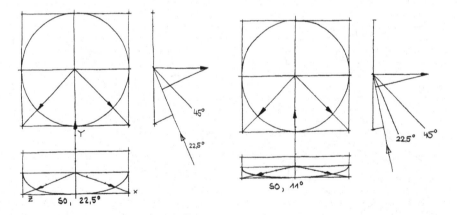

Lösung 9.6:

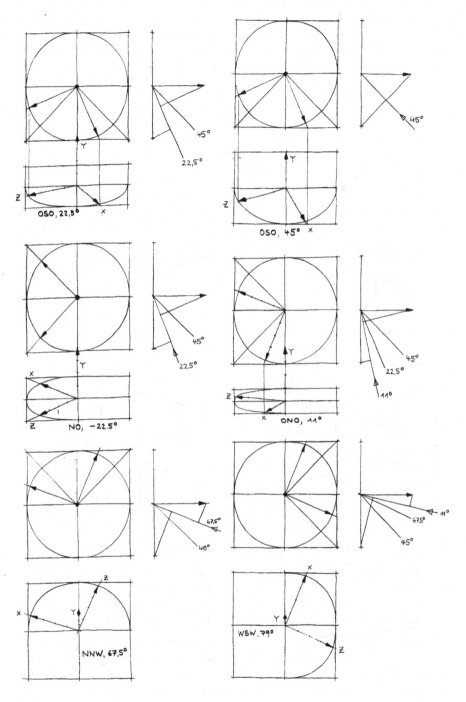

Lösung 9.7:

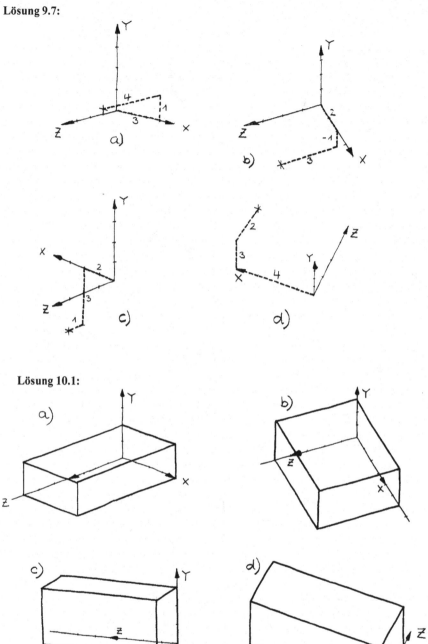

Lösung 10.1:

Lösung 10.2:

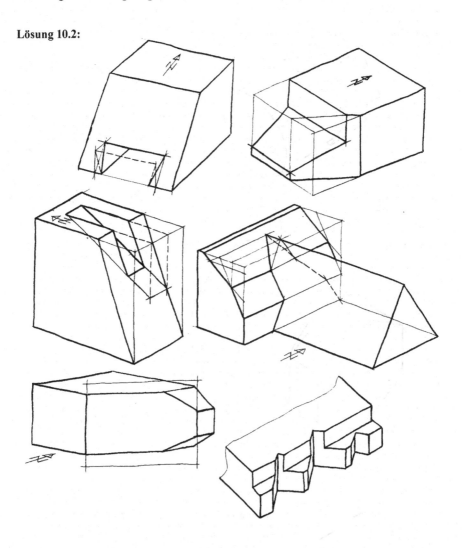

Lösung 11.1:

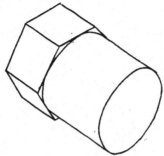

Lösung 11.2:

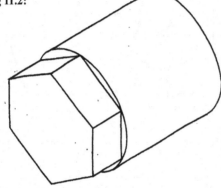

Lösung 11.5:

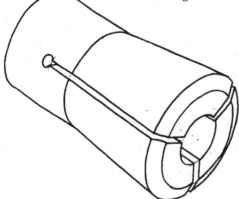

Lösung 11.3:

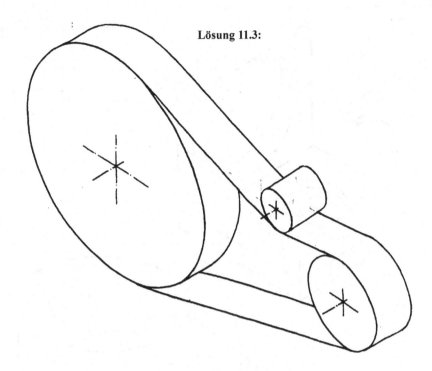

Lösung 11.4:

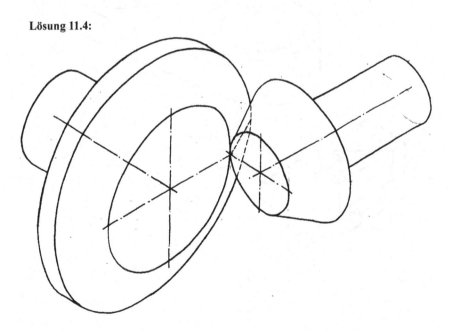

Lösung 11.6:

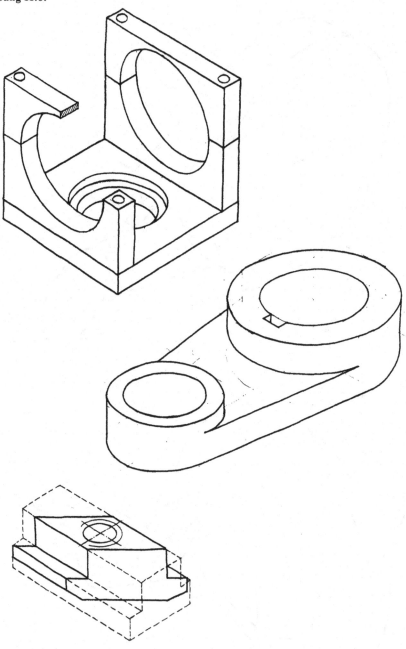

Lösung 11.7:

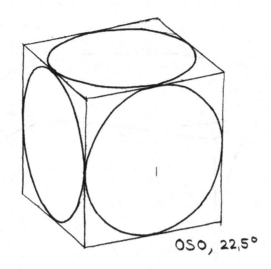

OSO, 22,5°

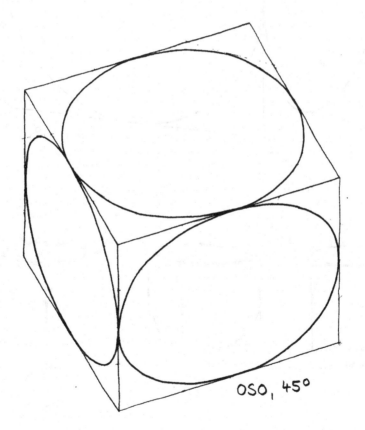

OSO, 45°

Lösung 11.7:

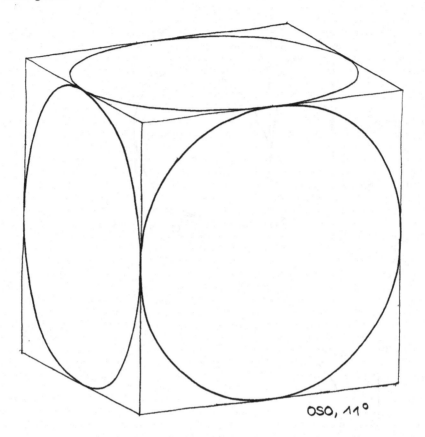

OSO, 11°

OST

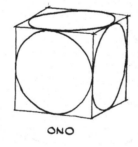

ONO

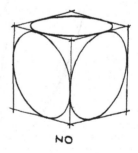

NO

Lösung 11.8:

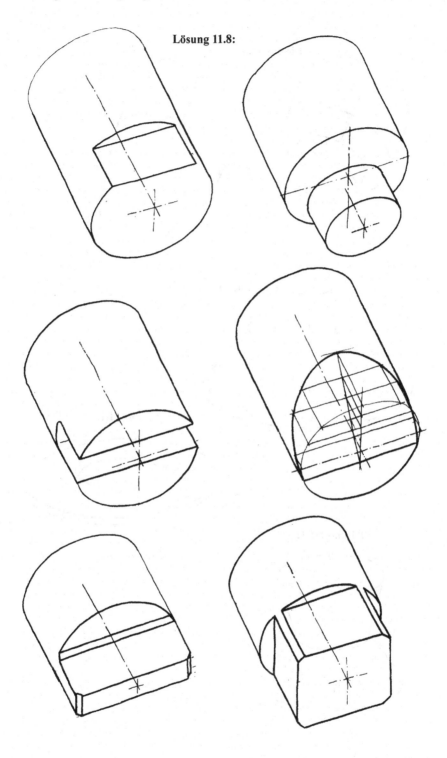

Lösung 11.8:

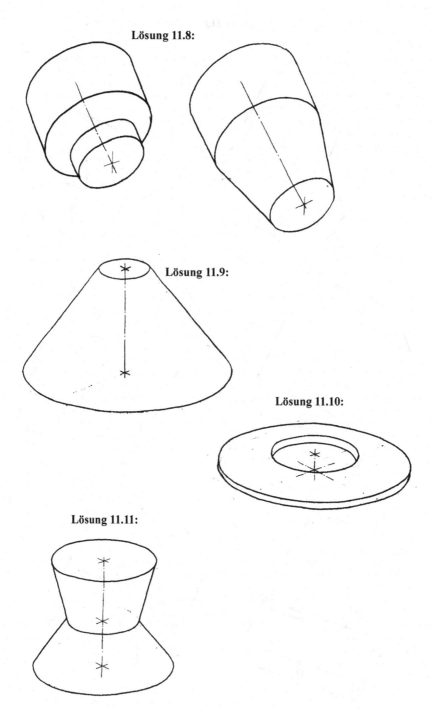

Lösung 11.9:

Lösung 11.10:

Lösung 11.11:

Lösung 11.12: In der y-z-Ebene wurde eine (halbe) Ellipse konstruiert; weil es auf Genauigkeit ankommt, im einhüllenden Achteck. Wenn man das Parallelogramm A-B-C-D um die x-Achse schwenkt, erhält man für beliebige Pultneigungen die Proportionen für die Parallelogramme, die die Kreise einhüllen, die in der Pultfläche liegen. Die Proportionen lassen sich mit der Diagonalen B-D auf die Pultfläche übertragen.

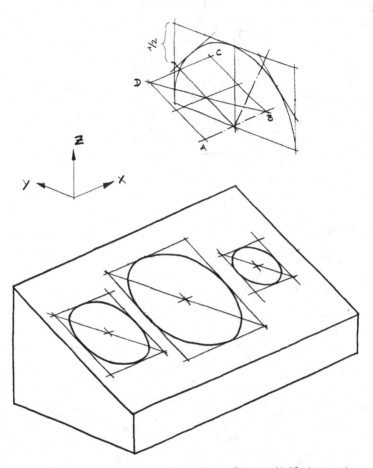

Lösung 11.13: (gepaust)

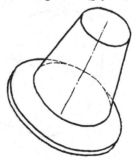

Lösung 11.14:

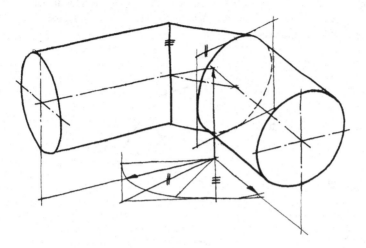

Lösung 11.15:

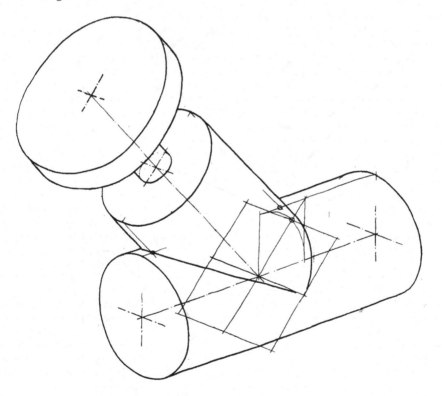

Lösung 12.1:

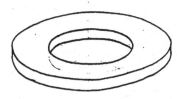

Lösung 12.2:

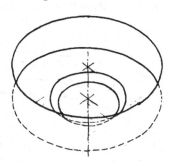

Lösung 12.3:

Lösung 12.5:

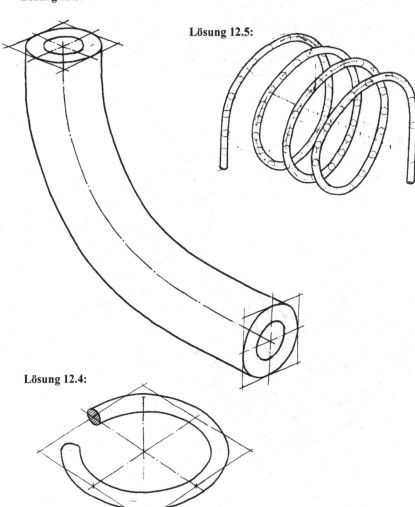

Lösung 12.4:

Lösung 12.6: Auf dem einhüllenden Parallelogramm wurden 30° und 60° konstruiert, um für die sehr großen Ellipsen Hilfspunkte zu bekommen. Die sich ergebenden 30°-Sektoren wurden dann noch einmal mit Gefühl gedrittelt, um die 10° der Gleisanschlüsse zu erhalten.

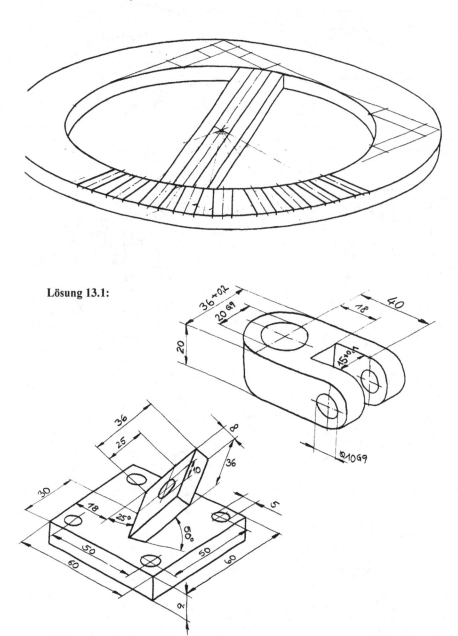

Lösung 13.1:

Lösung 13.1:

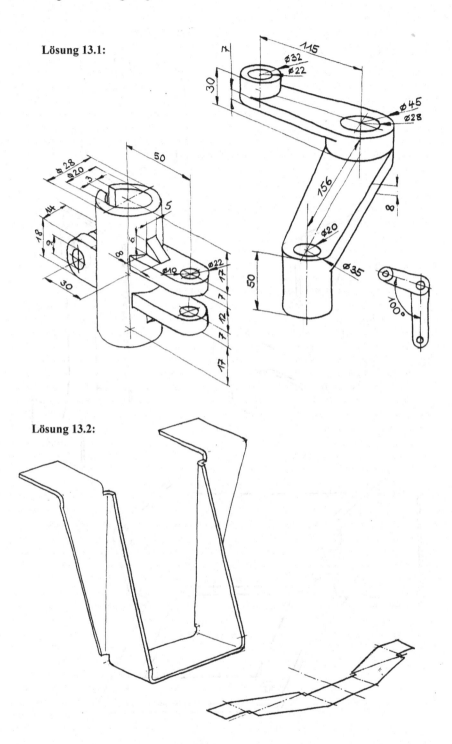

Lösung 13.2:

Lösung 13.2:

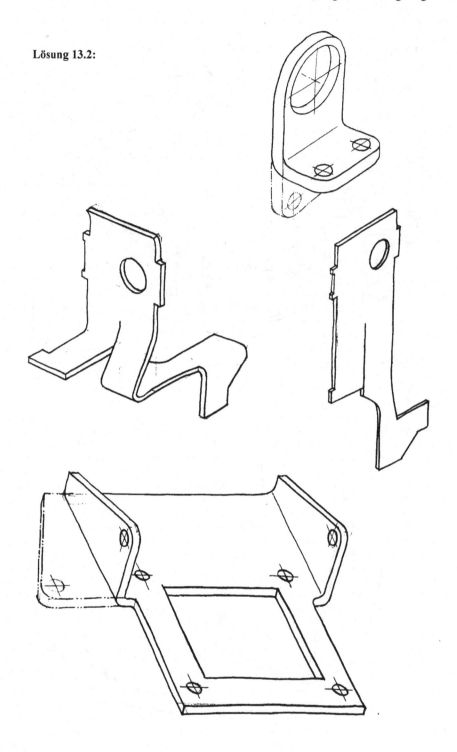

Literaturverzeichnis

Die Veröffentlichungen der letzten 20 Jahre über das Skizzieren, Konstruieren und Gestalten sind unübersehbar. Wer für die Praxis Rat sucht, kann das alles nicht lesen.

Hier ist meine Sammlung von interessanter, nützlicher und selten zitierter Literatur: Viele dieser Bücher sind sorgfältig argumentierende, gut zu lesende Werke mit bedenkenswerten Aussagen. Sie verwursten keine Spekulationen aus dem Mainstream. Es ist bedauerlich, daß einige davon nicht so leicht beschaffbar sind. Andere Quellen der Weisheit.

Agricola, Georg: Vom Berg- und Hüttenwesen. München: dtv 1977.
> Darstellung und Vermittlung technischer Zusammenhänge, Maschinen und Werkzeuge; Original erschienen 1556. Vorbildliche Illustration. Die "Hütte" des 17. und 18. Jahrhunderts.

Apple Inc.: Macintosh Human Interface Guidelines.
Amsterdam: Addison Wesley Longman 1993.
> Das beste Werk über das Problem, komplexe Vorgänge *in* einer Maschine für einen unbedarften Bediener *vor* einer Maschine verständlich und bedienbar zu machen.

Apple Inc.: www.developer.apple.com/library/IOS/#documentation
> Aktualisierte Grundlagen der Interface-Gestaltung von Apple. Sehr ausführlich, aber unbedingt lesenswert.

Arnheim, Rudolf: Visual Thinking. Berkeley: University of California Press 1969.
> Über den Zusammenhang von Denken, Gedächtnis, Vorstellungen, Bildern;
> über das Wesen optischer Täuschungen.

Bach, K.: Denkvorgänge beim Konstruieren. Konstruktion 25 (1973) 1, 1-5.
> Über die Konstruktion als ganzheitlich-analytischer Prozeß. Ermahnung, die Konstruktionsdidaktik an den geistigen und psychologischen Möglichkeiten des Menschen zu orientieren.

Bankole, A., Bland, S.: Technical Drawing 2. Harlow: Longman 1990.
> Kleines Büchlein mit den mindestens notwendigen Erklärungen. Gute Kursunterlage für Anfänger (viele Fotos). Sehr gute Grundlage, um technisches Englisch zu lernen. Alle Aufgaben lassen sich gut freihändig zeichnen.

Beasley, David: Design Illustration. London: Heinemann 1981.
> Wie man Gegenstände des Alltags einfach und ansprechend zeichnerisch modelliert. Perspektive, Oberflächenstruktur, Schattierung;

Bernhard, Frieder: Technisches Zeichnen für Steinmetze. München: Callwey 1984.
> Sehr gutes Beispiel für ein freihändig illustriertes Zeichenbuch.

Booker, Peter J.: A History of Engineering Drawing.
London: Chatto & Windhus 1963.
> Die Entwicklung des Technischen Zeichnens in Verbindung mit dem jeweiligen Stand der Technik – seit dem Altertum.

R. Bosch GmbH (Hrsg.): Kraftfahrtechnisches Taschenbuch, 22. Auflage.
   Heidelberg: Springer 1995;
   Weil im Kraftfahrzeug Natur- und Ingenieurwissenschaft konzentriert angewendet
   werden, sind diese fast 900 Seiten eine fast unerschöpfliche Fundgrube nützlicher
   Tabellen, Daten und Formeln, die man sonst umständlich aus mehreren Büchern
   zusammensuchen müßte: Hier z. B. Technische Statistik für sinnvolle Maßtoleranzen.
   Interessantes Lesebuch für technisch vorgebildete Auto-Fans.

Domke, Helmut und Hegewald, Ulf: Grundlagen konstruktiver Gestaltung.
   Wiesbaden: Bauverlag 1982.
   Sehr gutes Beispiel für ein freihändig illustriertes Lehrbuch – für Architekten.

Dreyfus, Hubert und Stuart: Mind over machine. New York: The Free Press 1986.
   Die beiden Brüder haben die Künstliche-Intelligenz-Euphorie in den 1960er Jahren
   mit den Alchemisten verglichen; sie zeigen, daß Computer prinzipiell eben nicht fähig
   seien, einem Fachmann ähnlich Probleme zu lösen. In einem 5-Stufen-Modell beschreiben sie, wie man bestimmte Fähigkeiten erwirbt: Vom Anfänger, der Regeln
   auswendiglernen muß bis zum Experten, der vorwiegend intuitiv und auf Erfahrung
   gegründet arbeitet: z. B. Konstrukteure. Diejenigen, die Technik und Konstruktion
   lehren, müssen deshalb kritisch prüfen, welche der angebotenen CA-Techniken wirklich das Attribut "aided" verdienen.

Ehrlenspiel, Klaus: Integrierte Produktentwicklung. Müchen: Hanser 2003.
   Umfassendes Buch über die Konstruktionslehre und über jeden denkbaren Teilaspekt
   des Konstruierens selbst. Macht ausführlichen Gebrauch von Skizzen zur Illustration,
   setzt aber das Handwerk des Skizzierens als selbstverständlich voraus.

Emmerson, George S.: Engineering Education – A Social History.
   New York: Crane, Russak & Company 1973
   Erzählt die Geschichte der Ingenieure und ihrer frühesten Vorläufer, ihre Ausbildung
   und ihren Anteil an der Entwicklung der Volkswirtschaften der Welt. Geschrieben für
   interessierte Ingenieurstudenten und deren Ausbilder. 385 Seiten. Stellt immer wieder
   die deutsche Ingenieurausbildung heraus. Wer etwas sucht und es im Internet nicht findet: Umfassendes Literaturverzeichnis, sehr detailliertes Sachverzeichnis.

Ferguson, Eugene S.: Engineering and the Mind's Eye. Cambridge: MIT Press 1992.
   Was Ingenieure erfinden, konstruieren und denken, läßt sich mit Worten meistens nicht
   ausdrücken. Ferguson stellt die Mechanismen und Werkzeuge des "visual thinking"
   seit der Renaissance vor: Vorstellungsvermögen ("Does it look right?"), Zeichnungen
   und Skizzen. Begründet eine Reihe von bekanntgewordenen Ingenieurfehlern mit einer einseitig wissenschaftlich-analytischen Ausbildung (strukturierbar, lehrbar und
   prüfbar). Erfolgreiche Konstruktion erfordere Erfahrung, Intuition, persönliche Ein-
   schätzung (nicht strukturierbar, nicht lehrbar, nicht prüfbar).

Florman, Samuel C.: The Introspective Engineer.
   New York: St. Martin's Griffin 1996.
   Technik wird im täglichen Leben und von der Öffentlichkeit ganz anders wahrgenommen und beurteilt als von denen, die Technik benutzen, verbessern und erfinden. Florman beschreibt das, was Ingenieure wirklich tun und warum sie es tun.

French, Thomas E.: Engineering Drawing. New York: McGraw-Hill 1944.
   Umfassende, systematische Behandlung des Technischen Zeichnens. Durchgehend
   schattierte Zeichnungen.

Giesecke, Frederick E. et al.: Technical Drawing.
Upper Saddle River (NJ): Prentice Hall 2002.
Standardwerk für den amerikanischen Sprachraum.

Gowers, Peter: Design and Communication. Walton-on-Thames: Nelson 1992.
Zeichentechnik mit Stiften und Markern. Schattieren. Modellieren. Wie man eigene
Ideen anderen attraktiv präsentiert.

Hacker, Winfried (Hrsg.): Denken in der Produktentwicklung.
Zürich: VDF Hochschulverlag 2002.
"...begründet, daß Handskizzen (...) auch im Zeitalter von CAD zur Erleichterung der
Arbeit und zur Verbesserung der Lösungsgüte beitragen." Nach dem Studium seiner
Quellen darf man sagen: Handskizzen sind die *Voraussetzung* für CAD und gute Lösungen. 10 Beiträge zur besseren Ausbildung für die Produktentwicklung. Sehr gute
und umfassende Literatursammlung.

Hall, Robin: The Cartoonist's Workbook; London: A&C Black 1995.
Für alle, die in ihren Skizzen Männchen verwenden wollen (Arbeitsplanung, Arbeits-
anweisungen, Arbeitsplatzgestaltung, Illustration). Ein *genialer* Zeichenkurs, der
unrealistische Ansprüche verhindert, die Geduld nicht überfordert und ein für
Ingenieure sehr einleuchtendes Figurenmodell ("Keyhole-Ken") verwendet.
Systematisch aufgebaut.

Hamm, Jack: Cartooning the Head and Figure; New York: Perigee 1982.
Für einen Anfänger ist es mühsam, sich die Stereotypen für seine Figuren selbst zu
erarbeiten. Hier findet er – systematisch gegliedert und erklärt – einen Katalog
fertiger Gesichtsausdrücke, Frisuren, Körperhaltungen, Körperteile, Bekleidungen
usw. Ergänzt sehr gut The Cartoonist's Workbook von Robin Hall.

Hanks, Kurt: Rapid Viz. A New Method for the Rapid Visualisation of Ideas.
Los Altos: Crisp Publications 1990.
Visualisieren heißt: Ein Vorgang läuft zur gleichen Zeit in der Vorstellung und auf dem
Zeichenpapier ab. Wie man der Ideenflut Herr wird. Zeichentechnik, Modellierung.
Anregung der Phantasie durch zeichnen.

Heymann, Matthias: "Kunst" und Wissenschaft in der Technik des 20. Jahrhunderts.
Zürich: Chronos 2005
Beschreibt anschaulich, wie Ingenieure und Konstrukteure seit 1850 bis heute an den
Technischen Hochschulen ausgebildet werden. Gibt einen Blick hinter die Kulissen
der Konstruktionslehre der letzten 50 Jahre. Sehr ergiebiges Literaturverzeichnis.

Hoelscher, Randolph P. et al.: Industrial Production Illustration for Students, Drafts-
men and Illustrators. New York: McGraw-Hill 1943.
Knappe, aber weit gespannte Behandlung des Technischen Zeichnens. Besondere Be-
tonung des Freihandzeichnens und der Perspektive. Anleitung zur Schattierung.

Hoenow, Gerhard und Meißner, Thomas: Entwerfen und Gestalten im Maschinenbau. München: Hanser 2010.
Für konstruierende Studenten. Berücksichtigung von Mechanik, Fertigung, Werkstoff
und Montage für eine günstige Konstruktion. Sehr viele Beispiele, Verbesserungsauf-
gaben.

Hoenow, Gerhard und Meißner, Thomas: Konstruktionspraxis im Maschinenbau.
    München: Hanser 2012.
    Hunderte erklärter Beispiele aus der Industrie: kostengerechtes Gestalten, vom Voll-
    körper zum Minimalkörper, minimaler und optimaler Bauraum für eine Maschine,
    montagegerechtes Gestalten. Anlässe für neue Maschinenkonstruktionen. Kritische
    Analysen und überraschende Vorschläge, die man gerne weiterverwendet. Gute, nüch-
    terne Anleitung zum Maschinendesign.

Keiser, Karl: Freies Skizzieren für Maschinenbauer. Berlin: Springer 1914.
    Er hat vor 100 Jahren schon gewußt und praktiziert, was man heute glaubt, wissen-
    schaftlich untersuchen zu müssen. Anleitung zum perspektivischen Skizzieren.
    Viele methodisch aufgebaute Formen und Modelle.

Kimmich, Karl (Hrsg): Die Zeichenkunst Bd.1 und 2. Leipzig: Göschen 1900.
    Umfassende Darstellung der Methodik des Zeichnens im *Schulunterricht*: Warum muß
    man für das Heute etwas Neues erfinden? u.a. Projektionszeichnen, Glanzlicht und
    Schattierung, Schattenkonstruktion, optische Täuschungen.

Knowlton, Kenneth W. et al.: Technical Freehand Drawing and Sketching.
    New York: McGraw-Hill 1977.
    "Das Zeichnen ist die Sprache der Industrie." Wendet sich an werdende Maschinen-
    bauer, Bauingenieure und Architekten. Ausführlich und systematisch. Gewöhnungsbe-
    dürftig ist der dicke weiche Bleistift.

König, Wolfgang: Künstler und Stricheieher: Frankfurt am Main: Suhrkamp 1999
    Konstruktions- und Technikkulturen im deutschen, britischen, amerikanischen und
    französischem Maschinenbau zwischen 1850 und 1930. Thema ähnlich wie bei Em-
    merson. Taschenbuch ohne Abbildungen. Sehr ergiebiges Literaturverzeichnis.

Krause, Rudolf: Technisches Zeichnen aus der Vorstellung mit Rücksicht auf die
    Herstellung in der Werkstatt; Berlin: Springer 1906.
    Schöpferische Tätigkeit des Ingenieurs. Schrittweises Entwickeln von schwierigen
    Formen aus Grundkörpern. Zeichnen zur Entwicklung der Formenvorstellung, des Au-
    genmaßes und zum "folgerichtigen Denken lernen". Einige nützliche Hilfskonstruktio-
    nen für Perspektive.

Kurz, Ulrich, et al.: Konstruieren, Gestalten, Entwerfen.
    Wiesbaden: Vieweg+Teubner 2009
    Gestalten werkstoffgerecht, fertigungsgerecht, montagegerecht, recyclinggerecht, er-
    gonomisch; mit gut erklärten Beispielen und nachfolgenden Aufgaben. Anhang mit
    Zahlenwerten und Gestaltungsbeispielen gut-schlecht

Kurz, Ulrich und Wittel, Herbert: Böttcher/Forberg Technisches Zeichnen.
    Wiesbaden: Springer Vieweg 2014.
    Das beste deutschsprachige Lehrbuch für das Technische Zeichnen: Vollständig,
    verständlich, vorbildliche Abbildungen. Alle wichtigen Normteile und Maschinenele-
    mente, die man zum Konstruieren braucht. 12-seitige Auflistung aller einschlägigen
    Normen.

Levens, Alexander S.: Graphics in Engineering Design.
> Chichester: Wiley & Sons 1980.
> Eigentlich ein Konstruktionslehrbuch. Knappe Einführung ins Skizzieren und ins Technische Zeichnen. Skizzieren als Kreativitätswerkzeug beim methodischen Konstruieren. Anregende Beschreibung der Denkmechanismen beim kreativen Arbeiten.

Lidwell, William, et. al.: Universal Principles of Design. Beverly: Rockport 2003.
> Sehr gute Zusammenfassung aller Gestaltungsregeln für Industrieprodukte. "Beauty in design results from purity of function." Schönheit ist ein Wert, den man als Ingenieur nicht abtun darf, weil er einen Richtung Einfachheit leitet.

Loewy, Raimond: Never leave well enough alone.
> New York: Simon & Schuster 1951.
> Loewy plaudert unterhaltsam über sein Leben. In amerikanischer Manier bringt er natürlich für alles Beispiele, die einen so nebenbei in die Welt des (u.a. Industrial) Design einführen. Sich nicht mit der erstbesten Lösung zufrieden geben (leichtgemacht mit Skizzen). Es gibt eine deutsche Übersetzung mit dem irreführenden Titel "Häßlichkeit verkauft sich schlecht".

Madsen, David A. et al.: Engineering Drawing and Design.
> New York: Delmar 1991.
> Technisches Zeichnen und Konstruieren an realistischen Teilen; eingestreute Tips zum Skizzieren und zur Perspektive. CAD-Übungsaufgaben. Umfassende Behandlung aller Gebiete: Rohrleitungsbau, Stahlbau, Heizung und Lüftung, Elektrik und Elektronik, Diagramme.

Mayall, William Henry: Machines and Perception in Industrial Design.
> London: Studio Vista 1968.
> Überlegungen und Beispiele, wie Maschinen und ihre Bedienelemente aussehen sollten. Gestaltungsprinzipien, die heute noch gelten.

McKim, R.H.: Experiences in Visual Thinking. Boston: Prindle 1980.
> In Bildern denken lernen: Sehen – Vorstellen – Zeichnen sind 3 verschiedene Möglichkeiten, um Bilder zu verarbeiten. Sie regen sich gegenseitig an und sie ergänzen sich.

Menninger, Karl: Rechenkniffe.
> Frankfurt a. Main: Verlagsbuchhandlung Karl Poths 1932.
> "Lustiges und vorteilhaftes Rechnen" umschreibt am besten, was Menninger am Beispiel z. T. sehr anspruchsvoller Rechenaufgaben vormacht. Die Rechenkniffe sind leicht zu lernen und sehr effizient. Menninger ist im Vorwort zu bescheiden, um das Buch "Handbuch für das tägliche Rechnen" zu nennen. Dieser Titel würde den Inhalt viel treffender beschreiben.

Meier, Markus et al.: Technisches Zeichnen. Skript der ETH WS 2004/2005
> U.a. 60 Seiten über alltägliches Skizzieren im späteren Beruf. Wahrscheinlich eine Veranstaltung, bei der Technisches Zeichnen freihändig gelernt wird: Die meisten Illustrationen zu Darstellung, Zeichnungsnormen, Bemaßung, Toleranzen usw. sind einfache, deutliche Handskizzen

Nedoluha, Alois: Kulturgeschichte des Technischen Zeichnens.
Wien: Technisches Museum für Industrie und Gewerbe in Wien 1960.
Vollständige Geschichte des Technischen Zeichnens.

Nelms, Henning: Thinking with a Pencil. Berkeley: Ten Speed Press 1981.
Ein Universaltalent (u.a.: Anwalt, Werbemanager, Professor, Theaterregisseur, Schau-
spieler) führt vor, wie man Überlegungen und Vorstellungen in einfachen und schönen
Skizzen ausdrückt. Fundiert und unterhaltsam. Einführung und ein umfassendes
Nachschlagewerk für jede nur denkbare Anwendung.

Norman, Donald A.: The Psychology of Everyday Things.
Cambridge, Mass.: MIT Press: 1998.
Design hat nichts mit Kunst zu tun. Styling ist benutzerfeindlich. Norman bringt viele
wiedererkennbare Beispiele für guten und schlechten Gebrauchswert. Ingenieure und
Programmierer unterschätzen die Komplexität ihrer Produkte und bringen den Benut-
zer leicht in Schwierigkeiten. U. a.: Features, nach denen keiner gefragt hat.

Pahl, Gerhard; Beitz, Wolfgang: Konstruktionslehre, Handbuch für Studium und
Praxis, 2. Aufl. Berlin: Springer 1986.
Die beste Ausgabe: ein praxisgerechter Kompromiß hinsichtlich
Umfang - Lesbarkeit - Systematik - Regeln - Erfahrungsbeispielen. Neulinge
bekommen Appetit auf das Konstruieren – Erfahrene werden bereichert durch die
wertvolle "Grammatik" des Konstruierens.

Parsons, William B.: Engineers and Engineering in the Renaissance.
Cambridge, Mass.: William&Wilkins 1968.
Beschäftigt sich u.a. ausführlich mit Leonardo da Vinci; spekuliert sehr anregend
über die Funktion seiner Skizzen bein Konstruieren und Erfinden. Viele Zeichnungen und Skizzen aus der Epoche. Bezug zu Agricola (s.o.).

Pipes, Alan: Drawing for Designers. London: Laurence King 2007.
Von einem Praktiker. Vernünftige und ausführliche Darstellung *aller* Werkzeuge für
das Design: Vom Skizzieren über das Markern und 3D-CAD zur technischen Illustration. "...CAD perpetuates victorian conventions rather than liberating designers..." und "Everyone can draw until told they can't". "Hot tip: Practise freehand
drawing"   Der Verlag Laurence King hat noch andere Bücher über das
Zeichnen.

Porter, Tom; Goodman, Sue: Designer Primer. London: Butterworth 1989.
Wie Bilder auf den Betrachter wirken. Bildgestaltung/Bildaufteilung. Ausführliche
Besprechung graphischer Techniken. Schattieren. Erläuterungsskizzen. Modellieren.
1-Minuten-Skizzen. Zeichentechnik

Richter, Wolfgang: Skizzieren als anschauliche Darstellungsart.
Konstruktion 35 (1983) 391-396.
W. Richter ist ein früher und konsequenter Verfechter des des Konstruierens mit der
Hand. Als (übrigens: promovierter) Chefkonstrukteur beim CERN in der französi-
schen Schweiz wurde er ernsthaft durch Sprachbarrieren behindert. So wich er auf
freihändige Fertigungszeichnungen aus, die hinsichtlich Fehlerfreiheit, Deutlichkeit
und Schnelligkeit seine zunächst widerwillige und dann aber bewundernd-erstaunte
Umgebung überzeugt haben. Er sagt mit 25-jähriger Erfahrung als Chefkonstrukteur,
daß seine Konstruktionen gegenüber der traditionellen und auch CAD-Technik in der
Hälfte der Zeit *fertig* waren. Ein geniales Ultrakurzkonzentrat zur Skizzier- und Kon-
struktionstechnik.

Richter, Wolfgang: Gestalten nach dem Skizzierverfahren.
> Konstruktion 39 (1987) 6, 227—237.
> Jede Zeichnung soll nur eine überschaubare Menge an Informationen zeigen. Vollständige CAD-Zeichnungen verwirren mit Details, die einen Kunden nicht interessieren. Kleine Details mit verzerrten Maßstäben sichtbar machen.

Richter, Wolfgang: Wünsche an die Konstruktionslehre.
> Konstruktion 42 (1990), 313-319.
> Kritisiert das Übergewicht der Abstraktion und des Analytischen in der deutschen Konstruktionsausbildung. Empfiehlt, die Ausbildung endlich an den täglichen Bedürfnissen eines Konstrukteurs auszurichten: Zeitgemäße Lehrbeispiele, bessere Gedankenübertragung per Skizze, einfachere Berechnungsansätze, Fähigkeit zu selbstkritischer iterativer Gestaltung.

Riedler, Alois: Das Maschinen-Zeichnen; Berlin: Springer 1896.
> Gute Einbettung des Technischen Zeichnens in die Abläufe eines Industriebetriebes; Konstruktionen befreit von architektonischem Zierrat; Zeichnungen werden nicht mehr koloriert; Trennung von Konstrukteur und Zeichner. Ein Extra-Kapitel über Skizzieren: Die Studenten und späteren Diplom-Ingenieure benötigen das Skizzieren ein Leben lang.

Schneider, Wolf: Deutsch für Kenner. München: Piper 1997.
> Vordergründig geht es um guten Schreib-Stil; der Autor zerlegt die schlechten Gewohnheiten seiner Kollegen und läßt sich vom "Mainstream" nicht einschüchtern. Er macht überzeugend vor, wie man klar, überlegt und interessant schreibt. Genauso gibt es auch einen guten Zeichen-Stil. Lesen Sie Wolf Schneider und zeichnen Sie so, wie er schreibt.

Schütze, Martina: Die frühen Phasen des konstruktiven Entwerfens (…).
> Dissertation TU Dresden 2003.
> Es geht um das Skizzieren und die Verlockung durch das CAD. Deutlich dokumentiert sind die negativen Auswirkungen des Computers: die Behinderung des Schreibens und Rechnens, die geringere Kreativität, die schon nach wenigen Stunden nachlassende Konzentration/Arbeitslust, der höhere Zeitaufwand.

Stoll, Clifford: High-Tech Heretic. Why Computers Don't Belong in the Classroom. New York: Doubleday 1999.
> Stoll gehört zu den Pionieren, die Computer (natürlich) beherrscht und für Ihre Arbeit wirklich genutzt haben. Leicht resigniert beschreibt er, wie sich der Mainstream der Computer bemächtigt hat: Technik und "computing" werden für die Bewerbung von Produkten eingesetzt und mit dieser Absicht verzerrt dargestellt. Die Laien-Öffentlichkeit (Eltern und vor allem die Bildungspolitik) sind nicht mehr in der Lage, die Grundlagen zur Beherrschung und Verbesserung von Technik zu erkennen und in der Ausbildung anzubieten.

Tharrat, George: Aircraft Production Illustration; New York: McGraw-Hill 1944.
> Illustration und Skizzen als Arbeitsmittel in der Konstruktion und der Fertigungsplanung der US-amerikanischen Rüstungsindustrie. Freihandtechniken, Zentralperspektive, Schattierung.

Tjalve, Eskild; Andreasen, Mogens Myrup: Zeichnen als Konstruktionswerkzeug.
> Konstruktion 27 (1975), 41-47.
> Erste und richtungsweisende Veröffentlichung der Nachkriegszeit über die Funktion des Zeichnens beim Konstruieren. Betonung des Freihandzeichnens als Konstruktionswerkzeug.

Tjalve, Eskild: Systematische Formgebung für Industrieprodukte. Goldach: VDI
1978.   Lösungssuche und Gestaltung mit vielen klaren Skizzen. Er macht vor, daß
Designer-Gestrichel nicht sein muß.

Tjalve, Eskild et al.: Engineering Graphic Modelling. London: Butterworths 1979.
Über die Rolle des Zeichnens als Kommunikationsmittel beim Konstruieren. Einführung für Studenten ins Technische Zeichnen und in die darstellende Geometrie.

Volk, Carl: Skizzieren von Maschinenteilen in Perspektive. Berlin: Springer 1911.
Der Titel sagt alles. Perspektivisches Skizzieren ist eine Grundlagentechnik, die jeder
Student der Technischen Hochschulen damals lernen und beherrschen mußte. Ein
Werk aus der Hoch-Zeit des *deutschen* Maschinenbaues; s. a. Emmerson.

Volk, Winfried: Z wie zeichnen. Darmstadt: Das Beispiel 1995.
Das Wesen der Dinge durch Zeichnen erfahren. Sehr nützliche Übungen zum räumlichen Modellieren. Schattieren. Kommt aus der Architektur.

Wißner, Adolf: Die Entwicklung der zeichnerischen Darstellung von Maschinen unter besonderer Berücksichtigung des Maschinenbaues in Deutschland (...).
Dissertation TU München 1948.
Die Zeichnung war immer nur eine von mehreren Möglichkeiten,Technikern die Entwicklung und die Kommunikation von neuer Technik zu erleichtern. Interessante Details: Modelle als Zeichnungsersatz; holländische Literatur zum Mühlenbau; "Müh-
lenärzte" als Übergang vom Handwerker zum Ingenieur; Entwicklung der Perspektive; Übergang von der Perspektive zur Parallelprojektion; Übergang von Holz zu
Metall; Abgreifen von Maßen anstelle von Bemaßung; Darstellende Geometrie als
Ursprung des Technischen Zeichnens; Zeichnungen für Architektur und Maschinenbau; gute Literatursammlung. Darstellungstechniken im Spiegel der Produktionsweise
jeder Epoche: Das läßt sich auf heutige Anforderungen übertragen.

Wertheimer, Max: Produktives Denken, 2. Auflage.
Frankfurt am Main: Waldemar Kramer 1964.
Über Gestalttheorie. Problemlösung als ganzheitlicher Prozeß. Bedeutung des Erken-
nens der inneren Struktur eines Problems. In der Darstellung eines Problems liegt auch
der Keim der Lösung. Illustriert mit einfachen Skizzen.

Sachverzeichnis

Printed in the United States
By Bookmasters